Cornelia Schneider
Lisa Juliane Schneider

Reife Leistung – Erfolgreich älter werden im Beruf

KREUZ

Wir widmen dieses Buch unserer Mutter und Großmutter. Sie war alleinerziehende Mutter von vier Kindern und hat als Krankenschwester bis ins Rentenalter immer Vollzeit im Schichtsystem gearbeitet. Bis zu ihrem Tod im Alter von 88 Jahren war sie gesund, vielseitig interessiert und lernfreudig.

MIX
Papier aus verantwortungsvollen Quellen
FSC® C083411

www.kreuz-verlag.de

Umschlaggestaltung: Vogelsang Design
Autorinnenfotos: © privat

Satz: de·te·pe, Aalen
Herstellung: CPI books GmbH, Leck

Printed in Germany

ISBN 978-3-451-61295-4

Inhalt

Einleitung: Pro-Aging im Beruf

Der demografische Wandel wird vieles verändern – auch die Gespräche zwischen ehemaligen Mitschülern bei Klassentreffen. Wenn sich die 30-Jährigen zwölf Jahre nach dem Schulabschluss zum ersten Mal wiedersehen, dann fragen sie meistens: »Was machst du beruflich? Wo arbeitest du? Bist du zufrieden mit deiner Arbeit? Hast du Familie?« Treffen sie sich mit Ende 50 wieder, hört man häufig: »Und, wie lange wirst du noch arbeiten müssen?« Manche, die mit 30 Jahren noch begeistert von ihrer Arbeit erzählten, berichten jetzt erleichtert, dass sie es sich leisten konnten, ihren Beruf aufzugeben, und nun »privatisieren«. Einige sind schon im angestrebten Vorruhestand, und die anderen können es kaum erwarten, dass sie ihr offizielles Rentenalter erreichen. Die 30-Jährigen unterhalten sich über Karriereplanung und die Attraktivität ihrer alten Schulfreunde, dagegen dominieren bei den Endfünfzigern nicht selten Gespräche über Krankheiten und Ruhestand.

Wenn bei einem Klassentreffen der Endsechziger jemand erzählte, dass er noch aktiv im Berufsleben stehe und sich dabei richtig gut fühle, war er bisher ein Exot und fand nur selten Verständnis für seine Lebensgestaltung.

Im Rahmen der Recherche für dieses Buch waren wir auf der Suche nach Menschen, die nicht nur über ihr 65. Lebensjahr hinaus arbeiten mussten, sondern das auch wirklich wollten. Fündig wurden wir schnell bei Selbstständigen, bei Künstlern und bei Politikern. Auch bei Angestellten fanden wir – wenn auch deutlich weniger – Menschen, die Interesse daran haben, länger als bis zum üblichen Rentenalter zu arbeiten. Dies waren überwiegend Führungskräfte, zumeist mit akademischer Bildung. Bei unseren Anfragen in Personalabteilungen nach Mitarbeitern in Verwaltung, Dienstleistung oder Produktion, die freiwillig länger arbeiten wollen oder das schon tun, war die Ausbeute sehr gering.

Worin liegt die Ursache dafür, dass sich die Einstellung zum Arbeiten zwischen dem ersten und dem zweiten Klassentreffen so verändert hat? Ist die Unlust, die Lebensarbeitszeit zu verlängern, einfach eine Frage des natürlichen Alterungsprozesses? Eine Ermüdungserscheinung? Brauchen wir etwa berufliche »Anti-Aging«-Strategien? Unter diesem Stichwort finden Sie bei Google aktuell 75 Millionen Einträge: von Kosmetika über Nahrungsergänzungsmittel und Fitnessempfehlungen bis hin zu weihevollen oder verwegenen Wunderversprechen. Natürlich wird nichts davon das Altern verhindern. Daher ist es naheliegend, zu betrachten, was wir *für* und nicht *gegen* das Altern im Berufsleben tun können, damit dieser Prozess gut gelingt: Pro-Aging im Berufsleben statt Anti-Aging.

Selbstverständlich können Sie dies nicht losgelöst von den vielfältigen Wechselwirkungen betrachten, in denen Sie leben: Paarbeziehung, Familie, Gesellschaft. Und wenn wir länger arbeiten sollen, müssen insbesondere Arbeitsbedingungen, Arbeitsorganisation und Arbeitsinhalte neu ausgestaltet werden, damit Menschen länger arbeiten können und auch wollen. Damit dies gelingt, müssen Gesellschaft, Politik und auch Arbeitgeber bereit sein, über grundlegende Änderungen der vorhandenen Strukturen nachzudenken sowie neue Formen von Arbeit und Leben zu kreieren. Erste Ansätze dazu sind vorhanden: Viele Betriebe, Organisationen und auch die öffentliche Verwaltung haben bereits erkannt, dass sie sich um die Gesundheit ihrer Mitarbeiter kümmern müssen, wenn sie deren Beschäftigungsfähigkeit langfristig erhalten wollen. Wie dies aussehen kann, wie Firmen zu mehr Gesundheit und Leistungsfähigkeit ihrer Mitarbeiter beitragen können und was es dabei zu beachten gilt, habe ich in meinem vorangegangenen Buch (Cornelia Schneider, Gesundheitsförderung am Arbeitsplatz – Nebenwirkung Gesundheit, 2012) beschrieben.

Bei unseren Veranstaltungen rund um die Themen Gesundheit, Arbeit und Beschäftigungsfähigkeit hören wir immer wieder die Forderung einzelner Gruppen, die anderen sollten endlich etwas unternehmen: Die Mitarbeiter fordern die Arbeitgeber auf, die Arbeitsbedingungen zu ändern. Die Arbeitgeber verlangen von der Politik verbesserte Rahmenbedingungen. Die Politik und die Sozialkassen verweisen auf die Eigenverantwortlichkeit des Einzelnen und so weiter. Jeder zeigt mit dem Finger auf den anderen und bezichtigt ihn der Unterlassung. Zweifellos müssen alle gesellschaftlichen Gruppen ihren Beitrag leisten. In diesem Buch konzentrieren wir uns auf die Maßnahmen, die jeder Einzelne unmittelbar für sich umsetzen kann – wohl wissend, dass wir parallel dazu eine Grundüberholung aller sozialen Bezugssysteme unter dem Aspekt der älter werdenden Gesellschaft benötigen.

»Wir fangen schon mal an …« – mit diesem Slogan der saarländischen Landesregierung möchten wir Sie ermuntern, nicht zu warten, bis andere die optimalen Voraussetzungen geschaffen haben.

Was erwartet Sie?

Im ersten Teil des Buches – *Analysieren und aktivieren* – laden wir Sie zu einer Bestandsaufnahme ein: Wie alt sind Sie, und wie alt fühlen Sie sich? Werfen Sie einen Blick zurück in Ihre berufliche Vergangenheit. Wie wurden Sie zu dem, der Sie heute sind, und wie bewerten Sie die Gegenwart? Wir möchten Sie ermuntern, Visionen zu Ihrer beruflichen Zukunft zu entwickeln. Stellen Sie sich aber auch der Frage, wovor Sie sich eventuell fürchten, und formulieren Sie ebenso Ihre Hoffnungen: Welche positiven Aspekte könnte das Älterwerden im Beruf für Sie mit sich bringen?

Beschäftigen Sie sich danach mit den Zeichen der Zeit in Ihrem Körper. Hier erhalten Sie Anregungen, wie Sie Ihre individuelle Gesundheitsförderung effizient und typengerecht gestalten können. Am Ende des ersten Teils erfahren Sie, warum es hilfreich sein kann, ein eigenes Altersleitbild zu formulieren, und wie es aussehen könnte.

In Teil 2 – *Reflektieren und reagieren* – können Sie verschiedene Möglichkeiten des Selbstmanagements kennenlernen und damit experimentieren. Reflektieren Sie, welche der vorgestellten Methoden zu Ihrer aktuellen Arbeits- und Lebenssituation passen. Wir stellen Ihnen Erkenntnisse aus der Arbeitspsychologie vor, die Sie einsetzen können, um Arbeitsmethodik und Gesundheitsförderung so zu verknüpfen, dass Ihre Arbeitseffizienz sowie Ihr persönliches Wohlbefinden davon profitieren.

Im Prozess des Älterwerdens gilt es aber nicht nur nach neuen Strategien zu suchen, sondern auch zu überlegen, was man alles nicht mehr braucht: an Dingen, Tätigkeiten, Gedanken, Gewohnheiten und auch Menschen. Deshalb erhalten Sie Impulse, wie Sie sich von Ballast in verschiedenen

Bereichen befreien können. Danach lesen Sie, wie Sie zu einem entspannten Umgang mit Ihrer Zeit finden und dabei Ihr persönliches Wertesystem auf den Prüfstand stellen können. Im Folgenden zeigen wir, wie lebenslanges Lernen genussvoll und produktiv sein kann, und räumen mit den gängigen Vorurteilen zum Lernen im (Erwachsenen-)Alter auf.

Menschen sind gefühlsgesteuerte Wesen, und daran ändert auch der Alterungsprozess nichts. Deswegen beleuchten wir anschließend das Thema Gefühle am Arbeitsplatz. Wir diskutieren, welche Rolle Gefühle und Gewohnheiten im Arbeitsleben spielen müssen und dürfen. Gleichzeitig erfahren Sie, ob und inwieweit Sie Ihre Gefühle verändern können. Wir berichten hier weiterhin, welchen Beitrag die positive Psychologie leisten kann, und skizzieren Wege, um Ihre Lust am Arbeiten zu vertiefen oder neu zu entdecken.

In Teil 3 – *Kooperieren und Kommunizieren* – beschreiben wir, welche Herausforderungen dabei auch Arbeitgeber und Medien bewältigen müssen, damit die Aktivitäten des Einzelnen für erfolgreiches Älterwerden im Beruf auf fruchtbaren Boden fallen.

Zum Abschluss stellen wir die Frage nach der Arbeit in altersgemischten Teams: Was gilt es zu beachten, damit dies gelingt? Wir berichten über unsere Erfahrungen im altersgemischten Arbeitstandem beim gemeinsamen Schreiben dieses Buches. In einem »Dialog der Generationen« wollen wir prüfen, was uns trennt, was uns verbindet, wo wir uns vielleicht manchmal gegenseitig lähmen und wo wir uns gegenseitig nutzen können.

Wir laden Sie ein, zu lesen, das Gelesene zu reflektieren, damit zu experimentieren und mit anderen darüber zu diskutieren: Wo sind unsere Möglichkeiten, wo aber auch unsere Grenzen, um im Beruf erfolgreich älter zu werden?

Dreißig, vierzig Jahre lang oder sogar noch länger zu arbeiten ist eine Leistung; sich dabei kontinuierlich weiterzuentwickeln, die eigenen Potenziale gut zu nutzen und dabei auch noch gerne zu arbeiten ist eine wirklich »Reife Leistung«.

Teil 1

Analysieren und aktivieren

Älterwerden im Beruf: Wo stehe ich?

»Man altert. Doch sonst ändert sich nicht viel.«
Erich Kästner

Sie sind gerade dabei ... Sie altern. Unaufhörlich. Unausweichlich. Die einzige Möglichkeit, dem Altern zu entgehen, ist der Tod. Wenn Sie diese letzte Option einmal außer Acht lassen, dann haben Sie noch immer zwei Wahlmöglichkeiten. Die erste ist, Sie ignorieren den Prozess des Alterns und nehmen eine schicksalhafte Grundhaltung ein: »Es kommt wie's kommt. Ich kann daran nichts ändern.« Sie können sich wie ein kleines Kind die Augen zuhalten in der Vorstellung, wenn ich nicht hinsehe, dann kann mich der andere auch nicht sehen. Oder aber Sie entschließen sich, Ihr Älterwerden so weit wie möglich zu gestalten, zu nutzen und auch zu genießen. Selbstverständlich werden Sie nicht so naiv sein zu glauben, dass dies leicht und ohne Anstrengung möglich sei. Aber was bedeutet es, das Älterwerden im Beruf zu gestalten? Wie definieren Sie für sich gelingendes Älterwerden?

Möglichst jung aussehen? Die körperliche Leistungsfähigkeit dauernd maximieren? Sich möglichst jugendlich kleiden? Den Arbeits- und Lebensrhythmus der jungen Erwachsenenjahre beibehalten oder vielleicht sogar noch ein wenig beschleunigen und verdichten, um möglichst viel Erleben in die verbleibende Zeit zu packen? Um den Weg zu bestimmen, den Sie gehen wollen, sollten Sie zunächst Ihren aktuellen Standort bestimmen.

Wie alt fühlen Sie sich?

Stimmt Ihr biologisches mit Ihrem gefühlten Alter überein? Wahrscheinlich nicht. Wir lassen in unseren Seminaren die Teilnehmer zwei Alter angeben, einmal dasjenige, das in ihrem Pass steht, und zum zweiten dasjenige, das sie fühlen. Im Durchschnitt stellen wir bei Teilnehmern über 40 hier eine Differenz von zirka sieben Jahren zwischen diesen beiden Altern fest; nahezu 80 Prozent der Befragten fühlen sich also sieben Jahre jünger, als sie es biologisch sind. Die Teilnehmer, die sich tatsächlich so alt fühlen, wie sie sind, oder gar älter, berichten häufig von gesundheitlichen Problemen, psychischen Belastungen und Müdigkeitserscheinungen. Müssen wir es also als Warnsignal bewerten, wenn sich ein Mensch so alt fühlt, wie er laut Geburtsurkunde tatsächlich ist? Braucht der Mensch jeweils sieben Jahre Zeit, um sich an sein Alter zu gewöhnen?

Vergangenheit würdigen

Wichtiger als die Lebensjahre zu dokumentieren könnte es sein, immer wieder einmal einen Blick zurückzuwerfen auf das Erlebte, Geleistete und bisher Erreichte.

Zeichnen Sie einen Zeitstrahl von Ihrem Geburtsjahr bis heute. Markieren Sie dort alle Ihre wichtigen beruflichen Stationen: Schule, Ausbildung, Studium, Berufseintritt, Arbeitgeberwechsel, Weiterbildungen, berufliche Veränderungen. Welche privaten Ereignisse waren für Sie besonders wichtig? Bewerten und würdigen Sie Ihre Skizze, als ob sie von einer anderen Person gezeichnet worden wäre. Was ist dieser Person in ihrem Leben gut gelungen?

Wunsch nach beruflicher Neuorientierung	2013
Vollzeitstelle als stellvertretende Leitung einer Beratungsstelle	2010–2013
Teilzeitbeschäftigung in zwei sozialen Einrichtungen	2008–2009
Parallel dazu zahlreiche Aktivitäten in berufsständischen Organisationen	
Arbeitssuchend	2007
Kündigung wegen Differenzen mit Geschäftsleitung	2006
Weiterbildung im Bereich Sonderpädagogik	2003–2005
Anstellung in einer Behinderteneinrichtung	2003
Arbeitssuchend	2002
Ehescheidung, ab dann alleinerziehend	
Geburt der 2. Tochter, 6 Monate Babypause	
Studium der Sozialpädagogik	1996–2001
Parallel dazu Teilzeitarbeit als Logopädin	
Geburt der ersten Tochter und Babypause	1996
Abendschule Abitur	1996
Ausbildung zur Logopädin	1993
Mittlere Reife	1990

Abbildung 1: Meine berufliche Entwicklung

In Abb. 1 sehen Sie die berufliche Entwicklung einer 49-jährigen Sozialpädagogin, die zur Beratung kam, weil sie sich beruflich in einer Sackgasse fühlte. Sie berichtete, dass ihr im Leben bisher wenig gelungen sei. Nach der schriftlichen Dokumentation ihrer verschiedenen beruflichen Stationen kam sie zu einer neuen und deutlich positiveren Bilanz. Nach dieser Würdigung ihrer bisherigen Arbeitsleistung sowie der bisher überwundenen Hürden fiel es ihr leichter, positive Zukunftsszenarien zu entwickeln.

Gegenwart spüren

Wenn wir berufliche Biografien betrachteten, teilten wir sie bis vor Kurzem in folgende (Ideal-)Phasen ein:

1. Lehr- oder Studienjahre
2. Erste Berufserfahrungen
3. Junge Berufstätigenzeit und Phase des Suchens: Wo wird langfristig der richtige Platz für mich sein? Wie könnte meine Karriereplanung aussehen?
4. Berufliche Konsolidierungsphase: Hier professionalisiert man sich immer mehr und übernimmt zunehmend Verantwortung
5. Phase des Vorbereitens auf den Berufsaustritt: In dieser Zeit verfügt der Mitarbeiter über die maximale Erfahrung in seinem Arbeitsfeld und hat im Idealfall auch den Höhepunkt in seinen Fertigkeiten und Sozialkompetenzen erreicht

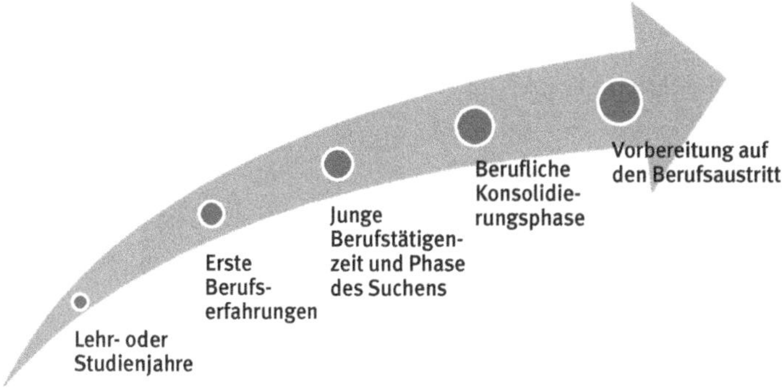

Abbildung 2: Konventionelles Modell der Arbeitsphasen

Ist dieses klassische Modell der Arbeitsphasen für Sie überhaupt noch zeitgemäß? Wie sinnvoll ist es, auf dem Höhepunkt der Erfahrung und oft auch zugleich der Leistungsfähigkeit von hundert auf null zurückzufahren? Wir lernen zunehmend mehr Menschen kennen, die sich mitten in Phase vier einem neuen Arbeitsfeld zuwenden oder gar eine zweite Ausbildung planen. Ebenso erleben wir, dass die Phase fünf nicht zur Vorbereitung auf den Berufsaustritt, sondern mehr für eine Umorientierung und Neugestaltung von beruflichen und privaten Aktivitäten genutzt wird. So berichtete der *Stern*[1] von dem 76-jährigen Chirurgen Alfred Jahn, der in Ruanda täglich noch operiert. Auf die Frage, warum er das in seinem Alter noch mache, antwortete er: »Ich bin 76 Jahre alt und traue mir das noch zu.« So wie Jahn befreien sich immer mehr Menschen in den unterschiedlichsten Berufen von den starren Zeitvorgaben; sie gestalten Arbeitsinhalte und Arbeitsrhythmen unabhängig von gesellschaftlich vorgeprägten Normen. Das gilt auch für Menschen mittleren Alters, die sich entscheiden, auf Geld zu verzichten und dafür mehr Zeit mit der Familie zu verbringen. Sie lieben ihre Tätigkeit, wollen ihre Leistungsfähigkeit aber nicht in der Lebensmitte komprimieren, sondern planen eine längere Lebensarbeitszeit.

Wo stehen Sie und wie erleben Sie Ihre berufliche Gegenwart? Denken Sie nun nicht an verpasste Chancen der Vergangenheit und potenzielle Gefahren oder Möglichkeiten in der Zukunft. Werfen Sie Ihren Blick auf all das, was Ihnen gefällt, was Sie genießen und was Ihnen bei der Arbeit Freude macht. Ebenso gilt es festzuhalten, welche Aspekte Ihrer aktuellen Arbeitssituation für Sie veränderungswürdig und auch veränderungsfähig sind. Bilanzieren Sie Ihren aktuellen Kontostand in Sachen Arbeitszufriedenheit. Was verbuchen Sie auf der Habenseite und was auf der Sollseite? Wie fällt diese Bilanz für Ihr Privatleben und für Ihre ganz persönliche Situation aus? Wie geht es Ihnen körperlich, wie leistungsfähig fühlen Sie sich im Moment?

Zukunft gestalten

Ob Sie sich am Anfang, in der Mitte oder auch schon eher im letzten Teil Ihrer beruflichen Entwicklung befinden: Gönnen Sie sich Träume und Visionen. Was entspricht Ihrer Idealvorstellung von Arbeit in einem Jahr, in fünf oder auch in zehn Jahren? Umsetzen kann der Mensch nur das, was er auch denken kann. Vor dem Handlungsplan steht immer erst die Idee, häufig eine ganz bildhafte Vorstellung von dem Zustand, den man erreichen möchte. Nein, aus Gedanken alleine entstehen natürlich keine neuen Arbeitsbedingungen und -umgebungen, aber ohne Gedanken und Visionen überlassen Sie alles dem Zufall. Entwickeln Sie Ergebnisziele (Wohin will ich?) und übertragen Sie diese in konkrete Handlungsziele (Was sind die einzelnen Handlungen, die mich dorthin bringen?).

Beispiel: Sie möchten vielleicht in Zukunft eine Führungsposition einnehmen? Dann könnten Sie Ihre Handlungsziele in kleine Einheiten unterteilen:

1. Mit dem Partner die Konsequenzen dieser Entscheidung für das Privatleben diskutieren.
2. Die Absicht dem Vorgesetzten im Jahresgespräch mitteilen.
3. Eine Weiterbildung zur Entwicklung von Führungskompetenzen beginnen.
4. Einen Mentor suchen.
5. Netzwerke suchen und pflegen.

Eine andere Zielformulierung kann in die Reduzierung der Arbeitszeit münden. Hier könnten Sie ebenso Zwischenschritte planen, zum Beispiel das Ansparen eines Geldbetrages, den Umzug in eine kleinere Wohnung, den Verkauf des eigenen Hauses, die neue Vertragsgestaltung mit dem Arbeitgeber oder erst einmal die Recherche nach realisierbaren Arbeitszeitmodellen.

Trauen Sie sich, Ihre Zukunftsplanung einmal vom Ende her zu denken. Stellen Sie sich vor, Sie werden aus dem Berufsleben entlassen und jemand hält eine Laudatio auf Sie. Welche Aspekte sollten idealerweise in dieser Rede genannt werden? Worauf sind Sie rückblickend besonders stolz und was ist Ihnen richtig gut gelungen? Aber auch, welchen Preis haben Sie für diesen Erfolg (gerne) gezahlt?

Kurzreflexion zu fünf Lebensdekaden

Das Überdenken des eigenen Entwicklungsprozesses als Grundlage für die weitere Gestaltung der Biografie ist in vielen Facetten möglich und hilfreich. Ein weiteres Beispiel dafür finden Sie in Reflexion 1. Hier können Sie zu vier unterschiedlichen Bereichen ein kurzes Resumé[2] für die verschiedenen Lebensdekaden ziehen.

Bewerten Sie in Spalte 1: Welches waren Ihre besonders guten Erlebnisse, Ihre »Highlights« (Abschlüsse von Aus- und Weiterbildungen, Ortswechsel, besondere Leistungen, Arbeitgeberwechsel, Beförderung etc.), besten Entscheidungen, Erfolge in diesem Lebensjahrzehnt? Welche »Highlights« könnten Sie für die künftigen Dekaden planen?

In Spalte 2 können Sie notieren: Was haben Sie in den einzelnen Lebensabschnitten körperlich für sich getan? Wie haben Sie sich dabei gefühlt? Wie wichtig war und ist Ihnen Ihr Körper? Was möchten Sie in der aktuellen beziehungsweise nächsten Dekade für Ihren Körper tun?

In Spalte 3: Beurteilen Sie Ihre psychosoziale Kompetenz (Umgang mit eigenen Gefühlen und denen anderer, Kommunikations- und Konfliktfähigkeit, Menschenführung etc.)

auf einer Skala zwischen null (völlig inkompetent) und zehn (völlig kompetent).

In Spalte 4: Beurteilen Sie a) Ihre Fachkompetenz auf einer Skala zwischen null und zehn, b) Ihre intellektuelle Kompetenz (Auffassungsgabe, sich in neue Sachlagen hineinzudenken, komplexe Zusammenhänge zu verstehen).

Reflexion 1: Fünf Lebensdekaden

	»Highlights«	Körperlichkeit	Psychosoziale Kompetenz	Intellektuelle Kompetenz/ Fachkompetenz
20–30 Jahre				
30–40 Jahre				
40–50 Jahre				
50–60 Jahre				
60–70 Jahre				

Was erhoffen Sie sich und was fürchten Sie?

»Prognosen sind schwierig.
Vor allem, wenn sie die Zukunft betreffen.«
Karl Valentin

Zukunft ist nicht nur mit Hoffnungen, sondern häufig auch mit Ängsten verbunden. Solche Gefühle können lähmen und handlungsunfähig machen. Wenn Sie allerdings den positiven Anteil der Angst – das ist die Vorsicht – nutzen, dann kann dies helfen, bestimmte Risiken durch sorgfältige Vorbereitung und Planung zu reduzieren. Absolute Sicherheit und Planbarkeit bleiben jedoch eine Illusion. Sie existieren nur in Hochglanzprospekten von Versicherungen und Finanzdienstleistern. Das sollte uns aber nicht davon abhalten, unsere Hoffnungen in Handlungen zu verwandeln, um damit die Chancen auf ein gelingendes Älterwerden zu erhöhen.

Materielle Sicherheit

Es ist nur allzu verständlich, wenn sich Menschen mit kleinem oder durchschnittlichem Einkommen um ihr finanzielles Auskommen nach der Berufstätigkeit sorgen. Aber auch sogenannte Besserverdiener mussten in den letzten Jahren erhebliche Einbußen in ihrer Altersvorsorge hinnehmen. So spielt Geld sicherlich eine wichtige Rolle, wenn es darum geht, zu entscheiden wie viel und wie lange man arbeiten möchte. Immer mehr Menschen werden sich auch nach dem regulären Berufsaustritt etwas hinzuverdienen müssen, um über die Runden zu kommen. Und viele, deren Rente ausreichen wird, wünschen sich dennoch zusätzliche Einnahmen, um ihren Lebensstandard abzusichern oder auch, um sich den einen oder anderen Luxus weiterhin erlauben zu können. Die Angst vor ungenügender finanzieller Absicherung ist für viele Menschen ein zentrales Motiv, länger zu arbeiten, als sie dies ursprünglich geplant hatten. Die Arbeitsfähigkeit möglichst lange zu erhalten und vielleicht sogar noch auf neue Bereiche hin zu erweitern kann für viele die finanzielle Situation besser absichern als jede zusätzliche Lebensversicherungspolice.

> Die Investition in die eigene Arbeitsfähigkeit gehört zu den Anlagen mit den höchsten und sichersten Renditen.

Körperliche und geistige Leistungsfähigkeit

Ergänzen Sie bitte ganz spontan folgenden Satz: »Alt bin ich, wenn …« Wenn was?

Die meisten unserer Seminarteilnehmer ergänzen diesen Satz, indem sie über körperliche oder geistige Einbußen schreiben. »Alt bin ich, wenn ich mir körperlich nicht mehr selbst helfen kann, wenn ich wach werde und ich Schmerzen habe, wenn ich keinen Sport mehr treiben kann, wenn ich mir nichts mehr merken kann, nichts Neues mehr lerne (lernen will) …« Leider viel zu selten assoziieren Menschen Alter auch mit positiven Erwartungshaltungen und schon gar nicht mit gesteigerter Leistungsfähigkeit. Die Bundesanstalt für Arbeit belegt aber eben diesen positiven Effekt: Mit zunehmendem Alter nimmt die Arbeitsleistung tendenziell zu – und nicht ab, wie oft vermutet.[3]

Selbstverständlich gibt es Einbußen: Ab etwa dem 30. Lebensjahr beginnt ein sehr langsamer, aber kontinuierlicher Abbau verschiedener Körperfunktionen: Die Leistungen von Herz, Lunge, Nieren, Gefäß- und Immunsystem lassen nach. Der Organismus wird schlechter mit Sauerstoff und Nährstoffen versorgt. Die Muskelmasse beginnt sich zu verringern und das Körpergewebe verliert an Elastizität. Auch im Bereich der Sinnesleistungen (Hören, Sehen, Tasten, Reaktionsgeschwindigkeit, Informationsverarbeitung) müssen wir eine schleichende Reduzierung akzeptieren.

Diese geringfügigen biologischen Funktionseinbußen sind im mittleren und höheren Erwachsenenalter für die berufliche Leistung eher irrelevant.

Sieht man sich die Werte dieser Funktionseinbußen einmal genauer an, so wird man feststellen, dass diese im mittleren und höheren Erwachsenenalter sehr gering ausfallen und sich kaum auf Lebens- und Arbeitsqualität auswirken müssen. Einen Teil der Einbußen können Sie kompensieren: Ausdauer, Atemvolumen, Koordination und Muskelkraft können Sie trainieren. Sportwissenschaftler können belegen[4], dass es möglich ist, den biologischen Altersprozess um rund zehn Jahre zu verzögern. Verminderung der Sinnesleistungen wie beim Sehen und Hören können heute technisch nahezu perfekt ausgeglichen werden. Andere nachlassende Funktionen wie beispielsweise Reaktionszeiten spielen für die meisten Menschen in ihrem Berufsleben überhaupt keine Rolle. Oder haben Sie Arbeitsprozesse zu bewältigen, bei denen eine Verringerung der Reaktionszeit um 200 Millisekunden bedeutsam ist? Ja, falls Sie Astronaut, Jetpilot oder Formel-Eins-Fahrer sind, dann lohnt es sich, diese Minderfunktion in die Berufsplanung mit einzubeziehen. Sollten Sie jedoch in einem weniger exotischen Beruf arbeiten, werden diese minimal verzögerten Reaktionszeiten kaum relevant sein.

Geistige Leistungsfähigkeit – da geht noch was

Wie Sie im Kapitel zum Lernen noch lesen werden, bleibt Ihr Gehirn lern- und veränderungsfähig, bis Sie sterben. Längst ist gesichert, dass Lernen und geistige Prozesse viel weniger abhängig sind vom jeweiligen Lebensalter als von Forderung und Förderung.[5] Es kommt hinzu, dass diese Veränderungsprozesse sowohl intra- (innerhalb einer Person) als auch interindividuell (zwischen verschiedenen Personen) sehr unterschiedlich ausfallen; und diese Unterschiedlichkeit vergrößert sich mit den Jahren zunehmend, je nachdem wie Sie sich selbst fordern. So sagen statistische Mittelwerte über Abbauprozesse also für den Einzelfall wenig aus.

Nein, es gibt keinen wirklich guten Grund, die biologischen Veränderungsprozesse im mittleren und höheren Erwachsenenalter zu fürchten. Sie sind viel weniger bedrohlich als unsere eigenen Vorurteile, die im Sinne einer sich selbst erfüllenden Prophezeiung wirken: Je mehr Sie über die potenziellen Einbußen nachdenken und sprechen, desto mehr werden Sie sie auch an sich oder anderen beobachten.

> Das kalendarische Alter eines Menschen hängt nicht systematisch mit der beruflichen Leistungsfähigkeit zusammen.[6]

Emotionale Belastbarkeit

»Ich bin dünnhäutiger geworden im Laufe der Jahre. Ich habe Bedenken, ob ich das noch lange aushalten kann.« Diese und ähnliche Aussagen hören wir manchmal von Mitarbeitern, die in ihrem Fach als Experten gelten und häufig schon viele Jahre Erfahrung vorweisen können. Sie beklagen, wie kollegiale Konflikte oder mangelnde Würdigung durch

Vorgesetzte ihnen im Laufe der Jahre immer mehr zu schaffen machen. Richtig ist, dass ältere Mitarbeiter sensibler in menschlichen Interaktionen werden. So ist älteren Mitarbeitern in der Regel die Wertschätzung durch ihre Vorgesetzten tatsächlich wichtiger als eine höhere Entlohnung.[7]

Auch hier möchten wir Entwarnung geben: Gerade die emotionale Belastbarkeit kann durch Selbstreflexion, Verarbeitung von Erfahrungen und zielgerichtetes Training deutlich anwachsen. Emotionale und soziale Kompetenzen sind genau diejenigen Fähigkeiten, die im Laufe der Jahre erst richtig aufblühen können. Leider beobachten wir aber, dass die meisten Energien häufig nur in die Stärkung fachlicher Qualifikationen investiert werden und wenig bis gar nicht in die Entwicklung emotionaler Strategien im Umgang mit psychischen Belastungen. Hier gilt aber dasselbe Prinzip wie im biologischen Bereich: Nur durch Training können sich Funktionen verbessern. Physische Funktionen werden sich im Laufe des Lebens trotz Trainings vermindern. Die emotionale Stabilität kann dagegen mit den Jahren deutlich wachsen – vorausgesetzt, man tut etwas dafür.

Die Bewertung der anderen

Alter ist der häufigste Grund für Diskriminierung am Arbeitsplatz[8], das belegen die Befragungen des Statistischen Bundesamts von 2012. Insofern ist die Angst davor natürlich gerechtfertigt. Wenn Sie aber darauf vorbereitet sind, dass es zu unangemessenen Rückmeldungen über Ihr Alter kommen kann, können Sie Strategien entwickeln, um sich zu schützen. Und Sie können durch Ihre Reaktionen dazu beitragen, Altersdiskriminierungen am Arbeitsplatz einzudämmen.

»Ihr Verfallsdatum ist ja schon recht nahe.« Dies war eine Aussage eines etwa 35-jährigen Personalreferenten, als ich

(Cornelia Schneider) mich mit 40 Jahren um ein Projekt in der Gesundheitsförderung bei einem großen Reiseunternehmen bewarb. Abgesehen davon, dass diese Formulierung als äußerst unglücklich bis unhöflich zu bewerten ist, offenbart sie doch, was der Mann über berufliche Kooperationspartner dachte, die nur geringfügig älter sind als er selbst. Immer wird es jemanden geben, der – je nachdem wo er gerade selbst steht und je nachdem welche Ängste er hat – diese Ängste auf andere projiziert. Das bedeutet aber keineswegs, dass Sie solche Äußerungen hinnehmen oder gar ernst nehmen müssten. Auf die Rückfrage, ob er das Verfallsdatum eher intellektuell oder eher materiell verstehe, hatte der Personalreferent keine Antwort. Entscheidend ist nicht, was die anderen denken. Entscheidend ist, ob Sie sich in einem solchen Fall angesprochen fühlen und wie Sie mit mehr oder minder offenen Anspielungen auf mögliche Mangelleistungen umgehen. Sich gekränkt fühlen oder gar beleidigt sein würde nur zeigen, dass Sie selbst an Ihrer Leistungsfähigkeit zweifeln. Sind Sie aber selbstbewusst, dann haben Sie eine Fülle von Möglichkeiten, diesen unangemessenen Einstellungen dem Alter gegenüber zu begegnen. Sie können solche Aussagen einfach ignorieren, Sie können konfrontieren, Sie können mit Nachfragen reagieren, und Sie können sie mit Humor nehmen: »Keine Sorge. Ich bin wie ein guter Wein. Ich werde von Jahr zu Jahr nur besser.« Diese alternativen Reaktionsweisen setzen allerdings voraus, dass Sie sich selbst gegenüber eine wertschätzende und stabile Haltung einnehmen.

Übrigens: Auch junge Menschen sind nicht vor »Altersdiskriminierung« geschützt. So klagte eine 23-jährige Verwaltungsangestellte über die Respektlosigkeit einer älteren Kollegin ihr gegenüber. In einer Teambesprechung kommentierte sie einen Wortbeitrag der jungen Frau mit: »Ach, das Küken hat auch etwas dazu zu sagen.«

Kontinuität und Abwechslung

Arbeitnehmer aller Altersklassen suchen einerseits Kontinuität und Verlässlichkeit im Arbeitsleben, andererseits wünschen sich die meisten auch Abwechslung, Spannung und Veränderung. Je nachdem welcher der beiden Pole für einen Menschen bedeutsamer ist, wird er sich entweder in einem Finanzamt als Sachbearbeiter oder in einem IT-Unternehmen in der Marketingabteilung wiederfinden. Beides, hohe Kontinuität bei maximaler Abwechslung, ist eher selten. Deswegen sollte man sich ebenso wie bei einer Geldanlage klar werden, welches Risikoprofil besser zu einem passt, und das ist altersunabhängig. In vielen Firmen stöhnen die Mitarbeiter – völlig unabhängig vom Alter – zu Recht über die Geschwindigkeit und Masse der Veränderungsprozesse, denen sie kaum noch folgen können. Die Vorstellung aber, gerade ältere Mitarbeiter erhofften oder wünschten weniger oder gar keine Veränderungen mehr, ist Unsinn. Nach unseren Erfahrungen ist das Gegenteil der Fall: Sie fürchten eher die Stagnation, aber sie wollen die Sinnhaftigkeit von Neuerungen verstehen. Viele ältere Mitarbeiter sind absolut veränderungsfreudig und möchten endlich mal wieder etwas Neues machen, herauskommen aus der Routine und ungewohnte Herausforderungen annehmen – sofern sie nicht ihr Selbstvertrauen durch jahrelange Unterforderung verloren haben.

Autonomie und Verbundenheit

Über die gesamte Lebensspanne tritt das Thema Autonomiebestreben in veränderter Gestalt immer wieder auf: Das dreijährige Kind entdeckt eigene Gestaltungsspielräume und experimentiert mit Trotzanfällen, um sie durchzusetzen, der pubertierende Jugendliche entscheidet egal wie – Hauptsache nicht so wie sein Vater, und der 90-Jährige versucht über »Altersstarrsinn« die letzten Reste seiner Autonomie zu bewahren und zu schützen. Gleichzeitig suchen Menschen in allen Lebensphasen die Verbundenheit und das Aufeinander-bezogen-Sein mit anderen Menschen. So bleiben diese beiden Qualitäten – die Autonomie und Verbundenheit – immer ein zentrales Anliegen im Arbeits- und Privatleben und zugleich eine Voraussetzung für gute persönliche Entwicklung und Gesundheit. Je größer die Gestaltungsspielräume im Arbeitsleben sind, desto höher ist in der Regel auch die Stresstoleranz. Gute Arbeitgeber lassen ihren Mitarbeitern auf der einen Seite Freiräume, auf der anderen Seite schaffen sie ein vertrauensvolles Klima, in dem gegenseitige Verbundenheit und Aufeinander-bezogen-Sein keinen Gegensatz zur Autonomie darstellen. Die Balance zwischen diesen beiden Polen zu finden ist allerdings ein individueller Prozess, der nur gelingen kann, wenn der Einzelne für sich klärt, wie viel Nähe und wie viel Freiheit er benötigt, um gut zu arbeiten. Fakt ist, dass Menschen gerade im Arbeitsleben die Chance haben, ihre Bedürfnisse nach Autonomie und Verbundenheit auszubalancieren. Sie können durch den Kontakt mit Kunden, Kollegen oder Vorgesetzten soziale Resonanz erfahren. Sie treffen auf andere Menschen, sind Teil einer sozialen Gruppe. Durch die Ergebnisse ihrer Arbeit begegnen Menschen auch sich selbst: Sie tragen mit ihren im Beruf erlebten Kompetenzen und Erfahrungen zu ihrer persönlichen Identität bei. So sind Selbstbewusstsein und der Gesundheitszustand von Erwerbstätigen höher als bei Nichterwerbstätigen.[9]

Das Haus der Arbeitsfähigkeit

Ob Menschen über lange Jahre arbeiten können und auch wollen (ob sie also »arbeitsfähig« sind), ist von vielen Faktoren und Einflussgrößen abhängig. Der finnische Arbeitswissenschaftler Ilmarinen[10] hat mit seinem Haus der Arbeitsfähigkeit ein praktikables Modell zur Analyse und Verbesserung der Arbeitsfähigkeit geschaffen.

Abbildung 3: Haus der Arbeitsfähigkeit nach J. Ilmarinen

Das Erdgeschoss dieses Hauses besteht in der Erhaltung und Förderung von Gesundheit und Leistungsfähigkeit. Sie reicht aber alleine nicht aus, um Arbeitsfähigkeit zu sichern. Die nächste Etage des Hauses umfasst den Bereich Kompetenz, also Wissen und Qualifikation. Hier geht es um fachliche, aber auch soziale und emotionale Fähigkeiten, die es Menschen ermöglichen, die steigenden Anforderungen des Arbeitsalltags zu bewältigen. Die nächste Etage beinhaltet Werte, also Einstellungen und Motive. Einstellungen bilden die Grundlage für Verhalten und Motivation. Wertevorstellungen ebenso wie Einstellungen sollten im Einklang mit der Arbeit stehen.

Die letzte Ebene beinhaltet den Arbeitsplatz selbst und die damit verbundenen Anforderungen wie Arbeitsinhalte, Arbeitsgestaltung und Arbeitsorganisation. Dieses letzte Stockwerk umfasst deutlich mehr Raum als die anderen. Alles, was sich hier abspielt, wirkt sich auf die unteren Etagen aus. Führungskräfte tragen eine besondere Verantwortung für die Gestaltung dieser Ebene.

Die Arbeitsfähigkeit wird aber nicht nur durch die Etagen dieses Hauses bestimmt, sondern auch von dessen Umgebung, den externen Einflussgrößen wie Familie, Freunde, Gesellschaft und politische Rahmenbedingungen.

Jeder hat in einem gewissen Maß Einfluss auf dieses Haus und auch auf die Umgebung. Selbstverständlich gelangen wir auch schnell an Grenzen, an denen wir akzeptieren müssen, dass Veränderung nicht aus uns selbst heraus möglich ist. Im Folgenden werden wir uns auf diejenigen Bereiche des Hauses konzentrieren, in denen wir Chancen haben, durch eigenes Engagement die Beschäftigungsfähigkeit zu verbessern und darüber hinaus auch die Freude am Beruf und die Lust am Arbeiten zu steigern.

> Wir plädieren dafür, für die berufliche Zukunft das Beste zu erwarten und dann konzentriert daran zu arbeiten, das auch zu erreichen.

Gesundheit: Welchen Weg will ich gehen?

»In der einen Hälfte des Lebens opfern wir unsere Gesundheit, um Geld zu erwerben. In der anderen Hälfte opfern wir Geld, um die Gesundheit wiederzuerlangen.«
Voltaire

Im Laufe mancher Karrieren werden die Matratzen immer teurer und die Rückenschmerzen dennoch immer intensiver. Nicht umsonst belegt die Gesundheit im Haus der Arbeitsfähigkeit einen wichtigen Platz. Gesundheit ist für alle Lebensbereiche bedeutsam. So enthalten die meisten Geburtstagsglückwünsche neben dem großen Lebensziel Glück auch die Gesundheit. Je älter Sie werden, desto mehr soll die Gesundheit sogar das Glück ersetzen. Ab einem bestimmten Alter heißt es häufig nur noch »Hauptsache gesund«. So suggeriert man manchem 60-Jährigen, dass, wenn er denn gesund sei, er doch auch mit dem Rest seines Lebens zufrieden sein könne. Reicht also Gesundheit aus für ein erfülltes und gelungenes Leben?

Gleichzeitig ist der Gesundheitsbegriff nicht nur positiv besetzt. Um Gesundheit zu bewahren oder gar wiederzuerlangen, scheint es für manche notwendig, sich ständig zu disziplinieren, zu enthalten und nicht selten sogar zu quälen. Was würden Sie denken und fühlen, wenn ein Freund Sie fragen würde: »Wollen wir mal wieder so richtig gesund essen gehen?« Positive Assoziation? Gesundheitsempfehlungen sind nur allzu häufig mit Belehrungen, Verboten und Warnhinweisen gekoppelt. Verhaltensweisen, die sich gegen die Gesundheit richten, werden sogar mit dem gewichtigen

Wort der Sünde etikettiert. Einige Politiker wollten vor einiger Zeit einen staatlich verordneten »Veggie Day« durchsetzen, an dem in den Kantinen der Betriebe ausschließlich vegetarisches Essen ausgegeben werden sollte. Wenn solche Ideen umgesetzt würden, liefen wir Gefahr, in einer Diktatur der staatlichen Gesundheitsfürsorge zu enden. Selbstverständlich halten auch wir Rauch- und Alkoholverbote am Arbeitsplatz für sinnvoll und hilfreich. Weniger hilfreich erscheint uns dagegen, Menschen in den verschiedensten Lebensbereichen darin zu bevormunden, wie sie mit sich und ihrem Körper umzugehen haben. So wie Autonomie in der Arbeitsgestaltung für jeden Einzelnen wichtig ist, so wichtig sollte es sein, dass Menschen selbstverantwortlich darüber entscheiden, wie gesundheitsorientiert sie sich verhalten möchten und was Gesundheitsbewusstsein überhaupt für sie bedeutet. Paradoxerweise wird immer wieder Eigenverantwortlichkeit vom Einzelnen eingefordert, aber gleichzeitig ersticken alle möglichen Experten die Motivation der Menschen mit Ratschlägen. Wie soll sich diese Eigenverantwortlichkeit entwickeln, wenn immer irgendein Experte angeblich genau weiß, was für den Einzelnen richtig oder falsch ist? Und wenn man sich die Empfehlungen für die persönliche Gesundheitsförderung noch näher ansieht, dann bleibt unter dem Strich nicht viel Neues, was in seiner Wirksamkeit wirklich gut belegt ist: Bewegung, ausreichende Entspannungszeiten, Rauchverzicht, mäßiger Alkoholkonsum und abwechslungsreiche Ernährung mit viel frischem Obst und Gemüse. Die meisten zusätzlichen, als neuartig propagierten Gesundheitsempfehlungen zerplatzen wie eine Seifenblase, sobald man nach belastbaren Daten zu deren Wirksamkeit sucht.

Gesundheit und Arbeit

Neben diesen allseits bekannten biologischen Einflüssen auf die Gesundheit sollten die Erkenntnisse der Gesundheitswissenschaften aus der Arbeitswelt mehr in die Überlegungen zur Gesundheitsförderung einfließen. In Übersicht 1 finden Sie einen kurzen Auszug von relevanten Fakten zum Thema Arbeit und Gesundheit.

- Das Fehlen von Wertschätzung und Anerkennung kann krank machen. Gute Arbeit kann hingegen die Gesundheit stärken.[11]
- Das Gefühl, angemessen entlohnt zu werden und ausreichend Wertschätzung zu erfahren, ist für die Gesundheit bedeutend.[12]
- Männer, die frühzeitig aus dem Erwerbsleben ausscheiden, haben selbst dann eine geringere Lebenserwartung, wenn sie nicht aufgrund von Gesundheitsproblemen gehen.[13]
- Der Healthy-Worker-Effekt (HWE) bezeichnet einen statistischen Effekt, der für Arbeitstätige einen besseren Gesundheitsstatus belegt als für die Gesamtbevölkerung.
- In der Arbeitswelt ist anerkannt, dass psycho-soziale Aspekte bei der Entwicklung von Rückenerkrankungen eine große Rolle spielen.
- 56 Prozent der Berufstätigen zwischen 18 und 29 Jahren fühlen sich unterfordert, 29 Prozent fühlen sich durch Arbeits- und Zeitdruck überfordert. Der Krankenstand ist in beiden Gruppen gleich hoch.[14]
- Beschäftigte, die keine Freude an der Arbeit haben und sich auch nicht von ihren Kollegen unterstützt fühlen,

haben ein zweieinhalbfach erhöhtes Risiko, Rückenbeschwerden zu entwickeln.[15]

- 14 Prozent der Frauen und 21 Prozent der Männer erleben ihre Arbeitsbedingungen als stark oder sehr stark gesundheitsgefährdend.[16]
- Zu den stärksten gesundheitlichen Belastungen am Arbeitsplatz gehören: Beeinträchtigung des Arbeitsklimas, Zeit- und Leistungsdruck, lange Arbeitszeiten und Arbeitswege.[17]
- 11 Prozent aller Beschäftigten fühlen sich rein körperlich durch die Arbeit stark belastet. 12 Prozent aller Berufstätigen erleben eine psychische Belastung am Arbeitsplatz, die ihr Wohlbefinden beeinträchtigt.[18]
- Keine Arbeit zu haben ist ein großes Gesundheitsrisiko.[19]

Übersicht 1: Fakten zu Arbeit und Gesundheit

Es ist also unbestritten, dass Gesundheit und Arbeit in unmittelbarer Wechselwirkung zueinander stehen. Nein, Arbeit macht nicht krank, aber schlechte Arbeitsbedingungen und vor allem schlechte soziale Beziehungen bei der Arbeit können stark gesundheitsgefährdend sein. Die positive Seite: Arbeit ist für viele Menschen nicht nur Existenzsicherung, sondern sie kann helfen, Identifikation, Selbstwert und soziale Resonanz zu schaffen. Viele Menschen erleben Sinnhaftigkeit, Zufriedenheit, ja sogar Glücksmomente gerade beim Arbeiten. Arbeit kann eine Quelle von Kraft, Gesundheit und wesentlicher Teil des gelingenden guten Lebens sein.

Gesundheit und Älterwerden

Älter werden Sie sicher – krank nicht unbedingt. Es stellen sich einige Funktionseinbußen ein, und die Anfälligkeit für Krankheiten steigt zwar, da die funktionellen Reserven der Organe sich im Laufe der Jahre langsam verringern. Dennoch ist es kein Naturgesetz, dass Krankheiten im Prozess des Älterwerdens entstehen müssen. Die vermehrten Krankheitsraten zum Beispiel bei Diabetes, Bluthochdruck, koronarer Herzerkrankung oder Erkrankungen des Bewegungssystems sind im erheblichen Maße verhaltensbedingt. Je älter Sie werden, desto mehr Zeit haben Sie natürlich zur Verfügung, um Ihre Gesundheit zu ruinieren. Wer jung stirbt, der muss sich vorher ganz schön anstrengen, eine chronische Krankheit zu entwickeln.

Eine solche Krankheit entsteht nicht über Nacht, sondern hat in der Regel eine Vorgeschichte von vielen Jahren. Beispiel: Der chronische Rückenschmerz war in der Frühphase vielleicht nur eine Verspannung, hat sich aber im Laufe von Monaten und Jahren zu einer Funktionsstörung (Bewegungseinschränkung und Schmerzen ohne organischen Befund) entwickelt. Eine Verspannung oder leichte Funktionsstörung hat häufig keinen Krankheitswert, sondern ist lediglich ein Signal des Körpers, das eine seelische oder körperliche Dysbalance meldet. Dieses Signal wird in unserem Gesundheitssystem ganz schnell in ein Symptom umetikettiert, und von da aus ist der Weg in die Krankheit vorgezeichnet. Sie haben verschiedene Möglichkeiten, damit umzugehen: Sie können mit Medikamenten oder auch anderen Therapien das Signal unterdrücken. Das wäre ähnlich, als würden Sie die rote Signalleuchte für einen niedrigen Ölstand im Auto einfach ausschalten. Sie können aber auch versuchen, das Signal zu deuten und zu überprüfen, was Ihr

Körper braucht: bessere ergonomische Bedingungen? Mehr Bewegung? Bessere Pausengestaltung, oder eine geeignete Entspannung? Leider unterstützt unser Gesundheitswesen die Unterdrückung der Signale, statt Menschen in ihrer Selbstwahrnehmung und Verhaltensänderung zu schulen. Es ist viel leichter, einen schnellen Ratschlag zu geben, ein Medikament oder eine therapeutische Anwendung zu empfehlen, als Menschen für den Umgang mit sich selbst zu sensibilisieren. Das ist häufig unbequem, kostet Zeit und wird nicht von der Krankenkasse bezahlt.

So entsteht Gesundheit

Der Psychologe Peter Becker[20] beschreibt den Weg zur Gesundheit mit dem systemischen Anforderungs- und Ressourcenmodell (SAR-Modell). Es verhilft zu einem besseren Verständnis dafür, wie Gesundheit erhalten, gefördert und gegebenenfalls auch wiederhergestellt werden kann. Danach bestimmen vier Einflussgrößen die Befindlichkeit und den Gesundheitszustand eines Menschen: externe und interne Anforderungen sowie externe und interne Ressourcen.

Externe Anforderungen sind Einflüsse aus der Umwelt und können biologischer, ökologischer, materieller oder auch sozialer Natur sein. Schlechte Luftverhältnisse, ungünstige ergonomische Bedingungen, komplexe technische Anforderungen, Großraumbüros oder auch ein ungeduldiger Vorgesetzter fallen in diese Kategorie.

Im Gegensatz dazu kommen die **internen Anforderungen** aus der biologischen und psychomentalen »Innenwelt« des Menschen. Schlafdefizit, Unverträglichkeiten auf bestimmte Nahrungsmittel, verminderte Leistungsfähigkeit verschiedener Organe (und damit natürlich auch das Alter) sind Beispiele für biologische interne Anforderungen. Zu den psychischen internen Anforderungen gehören beispielsweise der Wunsch, es allen recht zu machen, das Gefühl, in allem perfekt sein zu wollen, immer stark sein zu müssen oder Angst vor Versagen zu haben.

Niemand wird nur aufgrund seines Anforderungsprofils krank – Extremfälle wie beispielsweise hohe radioaktive Bestrahlung einmal ausgenommen. Entscheidend ist, welche externen und internen Ressourcen dem Menschen zur Verfügung stehen, um die an ihn gestellten Anforderungen zu bewältigen.

Zu den **externen Ressourcen** zählen unter anderem gute Arbeitsbedingungen, angemessene Arbeitsmaterialien, wertschätzende Führung, Handlungsspielräume und gute soziale Kontakte.

Bei den **internen Ressourcen** unterscheidet man auch biologische und psychomentale. Zu den biologischen gehören die körperliche Fitness und Leistungsfähigkeit, zu den psychomentalen zählen unter anderem soziale Kompetenzen, Gelassenheit, Erfahrung und natürlich auch berufsspezifisches Können und Wissen.

Der Gesundheitszustand eines Menschen hängt also davon ab, wie gut es ihm gelingt, die externen und internen Anforderungen mithilfe seiner internen und externen Ressourcen zu bewältigen. So gibt es Menschen, die beruflich und privat extrem hohe Anforderungen erleben und dennoch bei bester Gesundheit älter werden – deren Ressourcen sind eben noch höher als die Anforderungen. Umgekehrt gibt es Menschen, die nur ganz geringen Anforderungen ausgesetzt sind und die dennoch krank werden. Diese Menschen verfügen zumeist nur über ein ganz dünnes Ressourcenpolster, sowohl extern als auch intern. Was jeweils als Anforderung oder als

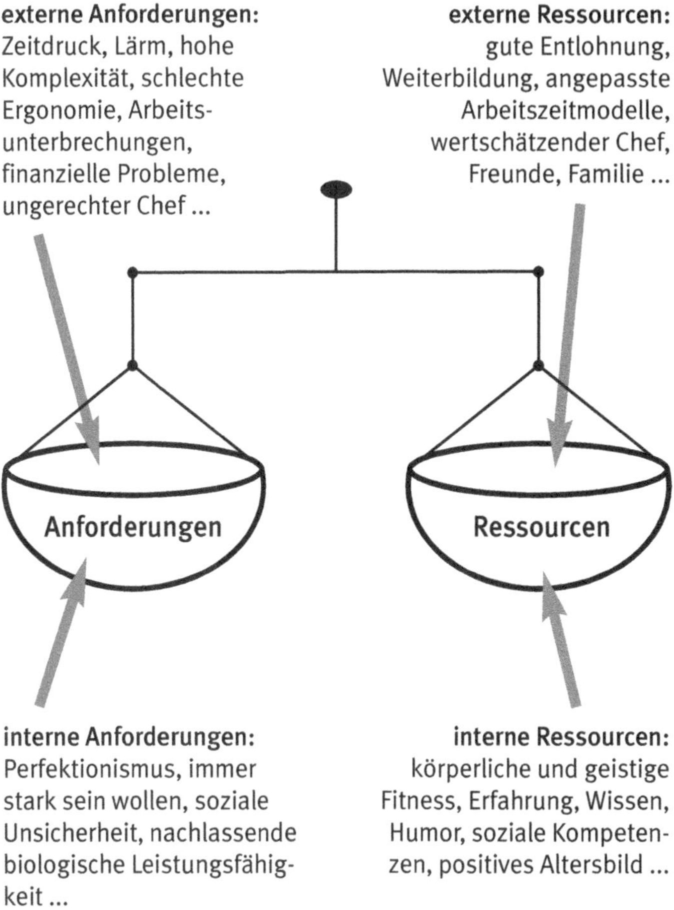

Abbildung 4: Beispiele für Anforderungen und Ressourcen im SAR-Modell

Ressource auf den Organismus wirkt, entscheidet allein der Betroffene: Der eine beschreibt seinen Chef als externe Anforderung, der andere erlebt denselben Chef als externe Ressource. Ein guter Chef wechselt im Idealfall, manchmal ist er Anforderung, mal Ressource (ähnlich wie ein guter

Ehepartner). Wie die Stärkung Ihrer Ressourcen nicht nur Ihre Gesundheit, sondern auch die Arbeits- und Lebensqualität beeinflussen kann, lesen Sie in einem späteren Kapitel.

Reflexion 2: Anforderungen und Ressourcen

Was erleben Sie aktuell als Ihre externen wichtigsten Anforderungen?
Welche biologischen und psychischen internen Anforderungen nehmen Sie bei sich wahr?
Welche externen Ressourcen stehen Ihnen zur Verfügung, und welche nehmen Sie auch tatsächlich in Anspruch?
Auf welche internen Ressourcen können Sie zurückgreifen, und welche möchten Sie insbesondere unter dem Aspekt des Älterwerdens mehr entwickeln?

Gesundheit und gelingendes Älterwerden durch Bedürfnisbefriedigung

Das SAR-Modell können Sie ebenso auf den Prozess des gelingenden Älterwerdens anwenden: Wenn es einem Menschen gelingt, Anforderungen und Ressourcen in Balance zu halten, dann wird er auch über die Lebensspanne gute Leistungen im Beruf erbringen und gleichzeitig im Privatleben zufrieden sein. Das setzt natürlich voraus, dass er seine persönlichen Anforderungen und Ressourcen reflektiert und Handlungskonsequenzen aus dieser Reflexion ableitet. So kann er steigende (externe) Anforderungen im Berufsleben zwar häufig nicht beeinflussen, aber er kann sie durch Aufbau (interner) Ressourcen wie beispielsweise einer guten Arbeitsorganisation, innerer Gelassenheit oder Konfliktlösefähigkeit durchaus bewältigen. Es ist im Prozess des Älterwerdens wichtig, sich insbesondere auf die internen psychomentalen Ressourcen zu konzentrieren und diese kontinuierlich weiter auszubilden, denn gerade sie können sich im Laufe der Jahre erst richtig entfalten. Gleichzeitig sollten Sie sich bewusst machen, dass Sie nicht alle externen Anforderungen beliebig durch die Stärkung der internen Ressourcen kompensieren können. Auch mit dem dicksten Ressourcenpolster können Sie externe Belastungen nicht beliebig ausgleichen. Selbst die zurzeit viel beachtete Resilienz (Widerstandsfähigkeit gegen Störungen verschiedenster Art) bricht zusammen, wenn eine persönlich kritische Grenze überschritten wird.

Innerhalb des SAR-Modells beschreibt Becker[21], dass es für die Gesundheit eines Menschen notwendig ist, seine körperlichen, seelischen und sozialen Bedürfnisse zu befriedigen.

Wenn Gesundheit also tatsächlich die Befriedigung körperlicher und seelischer Bedürfnisse bedeutet, kann es dann sinnvoll sein, dass wir alle dieselben Empfehlungen zur Gesundheitsförderung in den Bereichen Bewegung, Ernährung und Umgang mit seelischen Herausforderungen bekommen?

Unterschiedliche Menschentypen – unterschiedliche Bedürfnisse und unterschiedliche Bewertung der Anforderungen

Die westliche Medizin gibt – im Gegensatz zur chinesischen oder auch indischen Medizin – meist allgemein gefasste Gesundheitsempfehlungen, die den Anschein erwecken, dass sie für alle Menschen gleich hilfreich und nützlich seien. Dies ist umso verwunderlicher, als in Europa und Amerika das Individuum einen besonders hohen Stellenwert hat. In China und Indien dagegen ist das Kollektiv alles und der Einzelne wenig wert – doch gerade dort finden wir eine hohe

Differenzierung, wenn es darum geht, welcher Mensch welche Maßnahmen zu seiner persönlichen Gesundheitsförderung ergreifen soll. So unterscheiden die Inder den Vata-, Pitta- und Kaphatypen, die Chinesen differenzieren Personen nach den Qualitäten Holz, Wasser, Erde und Metall. Je nach Zuteilung zu diesen unterschiedlichen Typen werden dann präventive sowie therapeutische Maßnahmen ausgewählt. Im antiken Griechenland gab es ähnliche Unterteilungen, und auch Anfang des letzten Jahrhunderts hat der Psychiater Ernst Kretschmer eine Einteilung in vier unterschiedliche Konstitutionstypen vorgenommen: Athletiker, Pykniker, Leptosom und Dysplastiker. Nicht nur Mediziner, auch Arbeitspsychologen haben sich mit Persönlichkeitsprofilen beschäftigt, um Menschen besser führen zu können, Arbeitsleistungen zu optimieren oder Teams besser aufstellen zu können. So sind die verschiedensten Arten von Persönlichkeitsprofilen in vielen Betrieben anerkannte Instrumente der Personalentwicklung.

Ohne jemanden in eine spezielle Schublade stecken zu wollen, ist es hilfreich, sich dieser Gedankenmodelle der Typisierung zu bedienen, um Menschen dabei zu unterstützen, im Arbeitsleben leistungsfähig und gesund zu bleiben. Der Arzt und Leiter des Heidelberger Präventions- und Gesundheitsnetzes Dr. Gunter Frank[22] hat diese Idee aufgegriffen und einen Persönlichkeitstest auf Grundlage der Typenlehre von Kretschmer entwickelt.

In diesem Test werden drei Grundtypen beschrieben: der athletische Typ (A), der pyknische Typ (P) und der leptosome Typ (L). Jeder Mensch trägt in sich Merkmale aller drei Typen in einem unterschiedlichen Mischungsverhältnis. So gibt es natürlich nicht nur drei Konstitutionstypen, sondern viele und auch einzigartige Mischungsverhältnisse. Nach Frank sollte jeder Mensch entsprechend seiner körperlichen und psychischen Konstitution leben und ebenso seine Gesundheitsförderung ausrichten.

Die folgende Typenbeschreibung verstehen wir im Gegensatz zu Frank nicht als feste Zuordnung zu einem bestimmten Persönlichkeitsprofil. Die drei Klassifizierungen sollen lediglich eine Orientierung geben, um über das eigene Konstitutionsprofil und die damit verbundenen Bedürfnisse nachzudenken. Obwohl wir in der Realität keine Menschen vorfinden, die nur Merkmale eines einzigen Konstitutionstyps haben, beschreiben wir zum besseren Verständnis alle drei Typen in der »Reinform«.

Typ A: James Bond

Wenn James Bond tatsächlich existieren würde, würde er den reinen A-Typ verkörpern. Er hat einen schweren athletischen Körperbau, schmale Hüften, eine kräftige Muskulatur sowie kräftige Knochen und Sehnen. Sein Körpergewebe ist fest. Er verträgt gut Kaltreize, friert selten, ist relativ schmerzunempfindlich und körperlich sehr leistungsfähig. Wenn er krank wird, neigt er zum Herunterspielen und Bagatellisieren der Symptome. Er überspielt körperliche Beschwerden, sodass man den Eindruck hat, seine Krankheiten entstünden über Nacht. Tatsächlich verschleppt er aber Krankheiten, bis sie dann mit Macht hervorbrechen. Psychisch liebt er die Herausforderung und zeichnet sich durch ein selbstsicheres und offenes Auftreten aus. Er zeigt einen starken Willen, ist risikofreudig, extrovertiert und äußerst tatkräftig. Daher finden wir ihn im Beruf häufig in der Rolle des Machers und Entscheiders. Er zeigt sich meistens sehr ehrgeizig, ist Vorreiter in vielen Angelegenheiten und zuweilen auch aggressiv. Er sieht mehr das große Ganze und überlässt die Detailarbeit gerne den anderen. Er neigt dazu, mehr zu reden als zuzuhören, gibt gerne Anweisungen und kommuniziert direkt. Er liebt es, sich in der Freizeit körperlich auszupowern oder sich mit anderen im sportlichen Wettkampf zu messen.

Die Bedürfnisse des A-Typen befriedigen

Der A-(dominante)-Typ befriedigt seine Bedürfnisse im Beruf wie im Sport vorzugsweise durch wettbewerbsorientierte Aktionen. Es geht es ihm gut, wenn er seine Kräfte mit anderen messen kann, wenn er in Teams an der Spitze steht und das Wort führt. Er liebt es, bis an seine körperlichen und seelischen Grenzen zu gehen, und kurzzeitige Überforderungen wird er kaum als Stress erleben und bewerten. Er entspannt sich am besten mit (intensiver) Bewegung. Veränderungen und neue Herausforderungen stimulieren ihn und tun ihm gut. Da er körperlich nicht unbedingt rücksichtsvoll mit sich (und anderen) umgeht, benötigt er manchmal mäßigende Unterstützung von außen. Die Gefahr der Überforderung darf hier nicht unterschätzt werden. James Bond geht nicht zur Prostata-Früherkennungsuntersuchung, er verdrängt gern körperliche Warnsignale und neigt zur Selbstüberforderung. Sie werden einen Menschen, der viele Merkmale eines A-Typs in sich trägt, kaum mit einer Empfehlung zum Autogenen Training oder Tai-Chi-Übungen glücklich machen. Dieser Menschentypus braucht Herausforderungen, spannende Erlebnisse, Gelegenheit, seine Fähigkeiten unter Beweis zu stellen, und Abwechslung. Dies alles erlebt er nicht als Anforderung, sondern dies entspricht seinem Bedarf. Er tut sich schwer damit, im Laufe des Älterwerdens das Nachlassen seiner biologischen Ressourcen zu akzeptieren. Es ist für den A-dominanten Typus umso wichtiger, sich auf altersentsprechende A-Aktivitäten zu konzentrieren. Als Beispiel für altersgerechte A-Aktivitäten und damit angemessene Bedürfnisbefriedigung kann uns Arnold Schwarzenegger dienen. Als junger Mensch lebte er seine körperlichen und seelischen Bedürfnisse als Bodybuilder aus, als seine körperlichen Kräfte dies nicht mehr zuließen, fand er seine Spielwiese in der Schauspielerei und als reifer Mann sucht er sich seine Bühne in der Politik und findet sie dort auch. Nein, Arnold Schwarzenegger muss Ihnen nicht sympathisch sein. Um das Prinzip der altersgerechten Bedürfnisbefriedigung zu verstehen, können wir aber neidlos anerkennen, dass es ihm gelungen ist, lebensphasenorientiert gut für sich zu sorgen.

Typ P: Hape Kerkeling

Der P-Typ unterscheidet sich vom A-Typen zumeist schon optisch. Er hat einen eher gedrungenen Körperbau, sein Gesicht ist breit, sein Gewebe insgesamt weicher und auch seine Muskulatur sowie Knochen und Sehnen sind eher schwach. Er schwitzt schnell, braucht mehr Schlaf als der A-Typ, hat einen langsamen Energieverbrauch (im Gegensatz zum A-Typ verbrennen seine Muskeln im Schlaf viel weniger Kalorien), und er neigt unter Stress zu Übergewicht. Psychisch zeichnet er sich durch seine Geselligkeit und Kontaktfreudigkeit aus. Er ist harmoniebedürftig und unkompliziert. Er wird für seine gute Intuition und Großzügigkeit geschätzt. Im Beruf zeigt er sich als guter Schlichter und Teamplayer. Er verhält sich kollegial und ist häufig auch Vermittler im Streitfall. In der Freizeit genießt er gutes Essen und gemütliche Entspannung im Familien- und Freundeskreis. Er hat zumeist ein offenes Ohr für die Probleme anderer, ist hilfsbereit und humorvoll.

Die Bedürfnisse des P-Typs befriedigen

Der P-Typ braucht bei der Arbeit und in der Freizeit insbesondere das gute soziale Miteinander. Einen Ausgleich zur Arbeit findet er am ehesten mit leichter bis mäßiger Bewegung, im Idealfall gemeinsam mit der Familie oder Freunden. Um zu entspannen, braucht er die Gemütlichkeit und gute soziale Kontakte. Einen P-Typen ins Fitnessstudio zu schicken ist selten nachhaltig erfolgreich. Dort kann er seine Bedürfnisse kaum befriedigen. In der Gesundheitsförderung sind Humor und Geselligkeit für diesen Menschenschlag hilfreicher als das Trainieren der Bauchmuskulatur. Er profitiert sehr von menschlicher Zuwendung, und wenn er die Gelegenheit hat, seine kommunikativen und integrierenden Fähigkeiten unter Beweis zu stellen, tut ihm das körperlich wie seelisch gut. Seine sozialen Bedürfnisse kann er privat in Vereinen und Hilfsorganisationen befriedigen, im Beruflichen können neue Aufgaben, zum Beispiel als Mitglied im Betriebsrat oder Frauenbeauftragte, einen guten Impuls für neue Entwicklungen geben.

Die klassischen Gesundheitsempfehlungen oder gar Diätempfehlungen sind hier in der Regel kontraproduktiv und führen eher zu Stress als zu einer gesünderen Lebensweise. Die Eingangspforte zu einem gesünderen Leben ist bei einem ausgeprägten P-Typen in der Regel zunächst die Verbesserung im sozialen und familiären Bereich.

Typ L: Michael Jackson

Die Beobachtung von außen lässt vermuten, dass Michael Jackson viele (wahrscheinlich zu viele) körperliche und seelische Merkmale des L-Typs in sich trug. Dieser Typus hat eine schlanke bis hagere Gestalt. Er hat lange Arme und Beine, schmale Schultern und einen langen Hals. In der kühleren

Jahreszeit friert er schnell und hat häufig kalte Hände und Füße. Er ist sehr sensibel gegenüber Lärm, sozialem Stress und ist sehr schmerzempfindlich. Er hat einen hohen Energieverbrauch und neigt unter Stress zur Gewichtsabnahme. Er beobachtet sich aufmerksam und kann Alarmzeichen seines Körpers früh erkennen. Im Extremfall stellt er sich auch als Hypochonder dar. Er fühlt sich schnell erschöpft und gilt häufig als nicht sehr belastbar. Psychisch zeichnet er sich durch seine hohe Sensibilität aus. Häufig findet man bei den L-Typen künstlerisch veranlagte Personen, die viel Wert auf Qualität und Ästhetik legen. Sie gelten als wenig beeinflussbar, zurückhaltend und abstrakt denkend. Im Beruf sind sie gerne Einzelkämpfer und sehr faktenorientiert. Sie zeichnen sich durch eine gute Auffassungsgabe aus. Sie sind hervorragende Planer und lieben das Detail. In der Freizeit beschäftigen sie sich gerne in der Natur und mit Tieren. Soweit uns bekannt ist, treffen diese Merkmale fast vollständig auf den verstorbenen Künstler zu.

Die Bedürfnisse des L-Typs befriedigen

Auch beim L-Typen sind so pauschale Gesundheitsempfehlungen wie »Treib viel Sport, iss Rohkost und Vollkornprodukte!« eher kritisch zu betrachten. Häufig haben diese Menschen ein sensibles Verdauungssystem und vertragen gerade diese angeblich so gesunden Nahrungsmittel überhaupt nicht. Gehören Sie tendenziell zu den L-Typen, dann sollten Sie eher prüfen, ob gut gekochte Nahrungsmittel oder eine heiße Suppe Ihnen besser bekommen als der Rohkostteller. Ob eine extra Portion Schlaf ihre Akkus nicht besser auflädt als die zehn Kilometer Joggingstrecke. Leichte Massagen, Entspannungsbäder oder Wärmeanwendungen bringen hier häufig bessere Entspannung als körperliche Herausforderungen. Ein gutes Buch, ein tiefgründiger Film oder auch ein anregendes konzentriertes Gespräch können die Ressourcen mehr stärken als die klassischen Empfehlungen zum gesunden Essen und gehören definitiv ebenfalls zu gesundheitsfördernden Maßnahmen. Im Beruf geht es diesen Menschen gut, wenn sie ihre kritische und rationale Seite sowie ihre schnelle Auffassungsgabe gut ausleben können und wenn sie Prozesse im Detail kontrollieren können. Ihre sensible, korrekte und idealistisch geprägte Art sowie ihr hoher Anspruch an Qualität und Ästhetik sollten im Arbeitsfeld ausreichend Würdigung finden.

Auch wenn die meisten von uns ganz individuelle Mischtypen sind, gibt es natürlich auch Menschen mit ausgeprägten Einflüssen aus einer dieser drei Richtungen. Sie können sich bestimmt vorstellen, zu welchen Konflikten es im Privaten und im Arbeitsleben kommen kann, wenn beispielsweise ein dominanter A-Typ mit einem dominanten L-Typen zusammenarbeiten soll. Für eine gute Kooperation ist es daher äußerst hilfreich, sich der eigenen Anlagen und Bedürfnisse bewusst zu werden und die Andersartigkeit von Kollegen sowie Vorgesetzten zu respektieren.

Der Spagat zwischen Selbstreflexion und Expertenrat

Natürlich soll diese Typisierung Sie nicht auf eine Rolle festlegen. Jeder Mensch ist biologisch sowie psychomental einzigartig. Allerdings kann die Reflexion, ob man sich selbst mehr dem einen oder anderen Typ zugehörig fühlt, helfen, besser über den individuellen Bedarf nachzudenken. Nur wenn Sie Ihre körperlichen, psychischen und sozialen Bedürfnisse kennen, können Sie die für Sie passenden Maßnahmen zu deren Befriedigung auswählen. Diese Bedürfnisbefriedigung versteht sich hier keinesfalls als Rückzug in eine Komfortzone, im Sinne von »Ich tue nur noch, was mein erster Impuls ist«. Häufig überdecken jahrelange Gewohnheiten die tatsächlichen Bedürfnisse. Und Gewohnheiten sind leider meist stärker als Körpergefühle. So kann es sein, dass jemand zum Beispiel ein jahrelang praktiziertes Verhalten (Feierabend beginnt – Fernseher an) fälschlicherweise als Bedürfnis interpretiert. Hier dürfte es sich eher um eine Gewohnheit handeln, hinter der vielleicht das Bedürfnis nach Entspannung oder auch Spannung steht. Diese häufig verschütteten Bedürfnisse zu erkennen und angemessen, lustvoll und im Sinne der Gesundheitsförderung zu befriedigen ist deutlich schwieriger, als in alten Gewohnheiten zu verharren. In manchen Fällen kann es daher notwendig werden, mithilfe eines Coachs Bedürfnisse von Gewohnheiten zu trennen, Wissen zum Thema Gesundheit zu aktualisieren oder sich den Rat eines Experten zu einem ganz individuellen Problem einzuholen. Die allgemeingehaltenen gesundheitsfördernden Ratschläge im Sinne von »Tue dieses und unterlasse jenes«, ohne dabei auf die konstitutionell unterschiedlichen Bedürfnisse eines Menschen einzugehen, halten wir dagegen für kontraproduktiv, im schlimmsten Fall sogar für gesundheitsschädigend.

Bedarf und Bedürfnisse der Lebensphase entsprechend reflektieren

Konstitutionelle Bedürfnisse gehören zu den Grundanlagen eines Menschen; dennoch ändern sich die Bedürfnisse über die Lebensspanne. So verschafft sich der L-Anteil bei vielen Menschen im Laufe der Jahre häufig mehr Raum. Dies kann sich zum Beispiel in Form von Bedarf nach Rückzug, Ruhe, größerer Gewissenhaftigkeit und/oder steigender Sensibilität gegenüber Menschen zeigen. Vielleicht ist es ein Zeichen der Reife auch bei A- und P-dominanten Personen, diesen »Raumforderungsprozess« zuzulassen? Könnte es sein, dass wir alle gut daran tun, uns im Prozess des Älterwerdens der verschiedenen Anteile bewusster zu werden, und so immer besser lernen, mit ihnen und damit mit uns selbst umzugehen? Ist der Hape Kerkeling in Ihnen vielleicht bisher zu kurz gekommen, und sollten Sie Ihren inneren James Bond etwas mäßigen? Das könnte beispielsweise bedeuten, Humor und soziale Aktivitäten etwas mehr zu pflegen als Ehrgeiz und ergebnisorientiertes Handeln. Falls Sie Frau und Mutter sind: Ist vielleicht der James Bond in Ihnen aufgrund von Erziehungszeiten, familiären Ansprüchen und gesellschaftlichen Klischees über die Jahre zurückgedrängt worden? Dann sollten Sie überlegen mit welcher Sportart und welchem beruflichen Engagement Sie diese Anteile in Ihnen wieder reaktivieren können.

Wenn Sie mithilfe der APL-Reflexion Ihre körperlichen und seelischen Bedürfnisse klarer benennen können, dann können Sie leichter entscheiden, was Sie für sich als externe Anforderungen bewerten und welche Ressourcen Sie aufbauen oder pflegen sollten, um in Balance zu kommen. So werden Menschen in Abhängigkeit von ihrem Persönlichkeitstypus dieselbe Situation einmal als extreme Anforderung und im anderen Fall als gute Ressource erleben. Niemand hat das Recht, dieser individuellen Bewertung zu widersprechen. Zugegeben, auf diesem Weg ist Gesundheitsförderung viel komplexer als mancher billige Ratschlag zu den Themen Sport, Ernährung und Entspannung. Wenn Sie sich aber die Mühe machen darüber nachzudenken, wie Ihr Typenprofil aussieht, und wenn Sie sich mit Fragen zu den vier Einflussgrößen des SAR-Modells auseinandersetzen, dann können

Sie Ihre Gesundheitsförderung auf ein solides Fundament stellen.

Die gute Botschaft im Hinblick auf das Älterwerden lautet, dass Sie im Laufe der Jahre innere Ressourcen wie beispielsweise Ihr Wissen, Ihre Erfahrung, Ihre Sozialkompetenzen oder auch Ihre Gelassenheit stärken und weiter ausbauen können. Hier können Sie stetig aufbauenden Einfluss nehmen. Im Bereich der körperlichen Ressourcen dagegen gilt es zu akzeptieren, dass es trotz Trainings und bestimmter Anpassungsleistungen zu einer Verminderung kommen wird. Diese Verminderung ist im mittleren und höheren Erwachsenenalter allerdings sehr gering und wird sich bei entsprechendem Training im Berufsalltag kaum bis gar nicht bemerkbar machen. Es kommt jedoch nicht auf die Reduzierung von Einzelleistungen, sondern auf die Gesamtbilanz an – und die können Sie beeinflussen.

Aber auch wenn Sie zu der Entscheidung gekommen sind, ein bestimmtes Verhalten zu verändern oder ein neues Verhaltensmuster zu erproben, dann reicht diese Entscheidung allein nicht aus, denn Sie müssen es auch wirklich tun. Wir haben in der Gesundheitsförderung weniger ein Wissensproblem als vielmehr ein Verhaltensproblem. Um dies zu überwinden, ist es hilfreich zu verstehen, warum Verhaltensänderung so schwierig ist.

Warum es so schwer ist, »gesund« zu leben

»Wenn du Gott zum Lachen bringen willst,
erzähl ihm von deinen Plänen.«
Woody Allen

Menschliche Gehirne sind anachronistische Modelle und steuern Verhalten nach neurobiologischen Prinzipien, die der Menschheit das Überleben sicherten. Wenn man Evolutionsbiologen glauben darf, haben sich unsere Gehirne und deren Grundfunktionsweisen seit etwa 50.000 Jahren kaum verändert. Die Hauptaufgabe des Gehirns bestand darin, in der aktuellen Situation das Überleben zu sichern; sie bestand nicht darin, Gesundheitsratschläge zu befolgen, deren Effekte sich häufig erst in Jahren oder Jahrzehnten messen lassen. Damit der Urmensch überleben konnte, hatte sein Gehirn »Grundprogrammierungen«, die in uns allen aus der Vergangenheit noch aktiv sind. Ganz vereinfacht und auf das Gesundheitsverhalten bezogen lauten diese Sets zum Beispiel für das Bewegungs- und Ernährungsverhalten sowie den Umgang mit Konflikten beziehungsweise Stress wie folgt:

Bewegung

Der biologische (Alt-)Auftrag lautet: »Bewege dich schnell und heftig, aber nur, wenn du vor wilden Tieren flüchten musst oder wenn du auf Futtersuche bist und Fressfeinde in deiner Nähe sind; oder aber, wenn du, als Mann, ein für die Fortpflanzung geeignetes Weibchen siehst und dabei viel Konkurrenz hast, denn der Schnellere gewinnt. Ansonsten spare dir deine Energie und bleib am Feuer sitzen.«

Ernährung

Der biologische (Alt-)Auftrag lautet: »Wenn du was zu essen siehst, hau rein. Iss ruhig über deinen Hunger. Denn der nächste Winter kommt bestimmt, und am besten legst du dir für diese Zeit Reservepolster an. Iss vor allen Dingen Zucker, denn er ermöglicht es dir, schnell zu flüchten oder zu kämpfen, wenn es gefährlich wird; und gegorene Früchte haben schon immer Schmerz jedweder Art gemindert.« Es ist evolutionär in unserem Programm nicht vorgesehen, eiweißreich, dabei kohlenhydrat- und fettarm ausgewogen zu essen. Und schon gar nicht vorgesehen ist es, dass wir aufhören zu essen, bevor wir satt sind. Wir alle dürften überwiegend die Nachkommen derer sein, die sich evolutionär durchgesetzt haben, weil es ihnen unter anderem gelang, gute Depots für den Winter oder längere Hungerperioden anzulegen.

Umgang mit Konflikten

Der biologische (Alt-)Auftrag lautet: »Hau drauf oder hau ab!« Nein, im Umgang mit anderen Menschen hauen wir natürlich (fast) nicht mehr körperlich drauf, aber verbal durchaus – wenn teilweise auch versteckt und subtil. Und auch das Muster »Hau ab« ist nach wie vor bei der Bearbeitung von Konflikten weitverbreitet. Die häufigste Art der Konfliktbewältigung ist immer noch das »Totschweigen« oder gerade »Wichtigeres tun zu müssen«, anstatt sich dem Konflikt zu stellen. Übrigens ist im Weltgeschehen der Modus des »Hau drauf« im Konfliktfall in beängstigender Weise existent.

Wir sollten uns klar machen, dass nur ein Wimpernschlag in der Zeit der menschlichen Geschichte vergangen ist, seit wir versuchen, diese alten Verhaltensmuster zu überwinden und an unser modernes Leben anzupassen. Manchmal gelingt das schon erstaunlich gut – manchmal! Wir sind diesen alten Grundprogrammierungen nicht hilflos ausgeliefert, denn wir können (zeitweise) unsere Vernunft einsetzen und lernen, sie mit unseren Gefühlen in Einklang zu bringen. Das setzt allerdings voraus, dass wir nicht unter Druck beziehungsweise unter Stress stehen. Je gestresster wir uns fühlen, desto mehr werden diese alten Muster durchschlagen. Jeder von Ihnen kennt es, dass die besten Vorhaben zum Erliegen kommen, wenn man in beruflichen oder privaten Situationen unter großen Belastungen steht.

Gesundheitsförderung vereinfachen

Die Gesundheitsförderung bietet Ihnen vier Handlungsebenen an: Bewegung, Ernährung, seelische Ausgeglichenheit sowie Arbeit und Soziales.

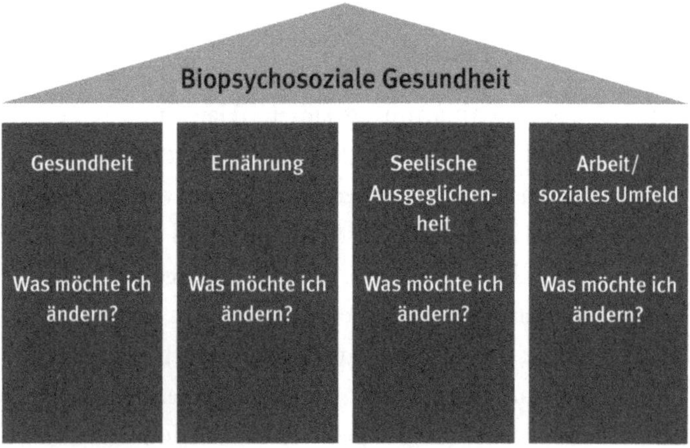

Abbildung 5: Die Säulen der Gesundheit

Die meisten Menschen wissen sehr genau, was sie essen sollten, wie viel und wie sie sich bewegen sollten und welche Verfahren zur Entspannung hilfreich sein könnten, welche arbeitsplatzbezogenen Verhaltensänderungen günstig wären, aber oft folgen sie diesen Erkenntnissen nicht.

> **Reflexion 3: Die Säulen meiner Gesundheit**
>
> Auf welcher der vier Handlungsebenen – Bewegung, Ernährung, seelische Ausgeglichenheit sowie Arbeit und Soziales – haben Sie Veränderungsbedarf und wo können Sie tatsächlich Einfluss nehmen? Welche Maßnahmen wären für Sie hilfreich?

Sollten Sie zusätzlich zu den Ergebnissen Ihrer Reflexionen Empfehlungen zu einer gesünderen Lebensweise suchen, dann finden Sie unter www.ggw-homburg.de eine Liste mit Hinweisen zu den vier Handlungsfeldern zu Ihrer Orientierung.

So werden Ihre Pläne Wirklichkeit

Alle nachhaltigen Veränderungen des Verhaltens gehen von innen nach außen und nicht umgekehrt. Daher ist es notwendig, dass Sie sich Klarheit darüber verschaffen, welche Verhaltensziele Sie auf welcher der Handlungsebenen definieren wollen. Diese Ziele sollten zu Ihrem Persönlichkeitstyp, zu Ihrem Alter sowie zu Ihrer aktuellen Lebens- und Arbeitssituation passen.

Verschiedene psychologische Schulen und Modelle geben ähnliche (und teilweise auch widersprüchliche) Hinweise dazu, wie Ziele besser zu realisieren seien. Hier die aus unserer Sicht wichtigsten Kriterien, die Ihnen helfen können, Ihre Pläne umzusetzen:

- **Niedrigschwellige Ziele auswählen:** Das bedeutet, die Hemmschwelle für die angestrebte Veränderung niedrig zu halten und das Vorhaben in möglichst kleine und gut realisierbare Einheiten zu verpacken. Zum Beispiel kann das Vorhaben, zweimal pro Woche eine halbe Stunde stramm spazieren zu gehen, für Sie besser sein, als sich vorzunehmen, viermal wöchentlich zehn Kilometer zu joggen.

- **Gefühl und Verstand synchronisieren:** Wählen Sie Ihre Ziele so aus, dass die Vernunft sagt: »Ja, das ist für meine Gesundheit sicher sinnvoll« und Ihr Gefühl zustimmt: »Ja, das erscheint mir machbar und dabei werde ich mich auch wohlfühlen.« Ihre innere Konferenz sollte so lange tagen, bis sich die zwei Parteien auf einen tragfähigen Kompromiss geeinigt haben.
- **Weniger ist mehr:** Viele Pläne scheitern an der Größe und Menge der Vorhaben. Die Ernährung umzustellen, ab morgen nicht mehr zu rauchen, viermal wöchentlich Sport zu treiben und gleichzeitig auch noch eine Entspannungsmethode zu lernen dürfte die meisten kognitiv und körperlich überfordern. Als Faustregel kann gelten: Je komplexer und neuartiger die Ziele, desto weniger Ziele sollten Sie sich stecken.
- **Ruhige Zeiten nutzen:** Starten Sie mit der Zielumsetzung in beruflich und privat eher ruhigen Zeiten, denn Ihr Gehirn benötigt viel Energie und kann Veränderungsprozesse in stressreichen Zeiten nur schlecht umsetzen.
- **Bildhafte Erinnerungshilfen suchen:** Nutzen Sie die Macht Ihres Unbewussten, indem Sie Ihr Ziel visualisieren. Das Gehirn verarbeitet Bilder innerhalb von Millisekunden und ohne Beteiligung des bewussten Denkens. Diese Erkenntnis nutzt die Werbung: Sie bombardiert uns mit positiven Bildern, die unseren Gehirnen vermitteln: »Wenn du das kaufst, dann geht es dir gut.« Suchen Sie sich ein positives Bild, das für Ihr persönliches Ziel steht.

Dieses Bild kann das Ziel symbolisch oder auch konkret vertreten. Eine Hängematte, eine Naturszene oder ein Tier können symbolisch für Ihr Bedürfnis nach der Pause im Arbeitsalltag stehen und Sie daran erinnern. Dieses Bild kann auf dem Desktop Ihres PCs, auf dem Display Ihres Handys oder als Postkarte auf Ihrem Schreibtisch stehen. Auch ohne dass Sie bewusst an Ihr Vorhaben denken, kann dieses Bild Ihr Unbewusstes stimulieren, Ihren Plan umzusetzen.

- **Viele Wiederholungen einplanen:** Je nach Komplexität des neuen Verhaltensmusters und je nachdem wie stark die alten Muster mit den neuen konkurrieren, wird auch die Zeit variieren, die Sie benötigen, um das neue Verhalten stabil aufzubauen. So dürfte es relativ schnell möglich sein, sich anzugewöhnen, jeden Morgen ein Glas Gemüsesaft zu trinken. Viel länger wird es hingegen dauern, ein Feierabendritual, das 20 Jahre lang im Anstellen des Fernsehers bestanden hat, gegen ein neues Ritual, zum Beispiel einen Abendspaziergang, auszutauschen. Es gibt kein Lernen ohne Wiederholung.
- **»Wenn-dann«-Pläne erstellen:** Stellen Sie sich darauf ein, dass es immer wieder Umstände geben wird, die Sie in der Umsetzung Ihrer Ziele behindern werden. Werden Sie diesen »Behinderungen« in Form von »Wenn-dann«-Plänen gerecht.

  Sie haben sich beispielsweise vorgenommen, Ihren Alkoholkonsum zu verändern. Sie möchten nicht mehr täglich zum Beginn des Feierabends zur Entspannung das Glas Wein trinken, sondern dies nur noch an wenigen ausgewählten Tagen tun. Dies gelingt in der Regel, wenn Sie entspannt und ohne Ärger nach Hause kommen. Sobald Sie sich sehr gestresst fühlen, vergessen Sie Ihren Plan. Hier könnte Ihre Wenn-dann-Formulierung folgendermaßen lauten: »*Wenn* ich abends nach Hause komme und mich sehr verärgert oder gestresst fühle, *dann* trinke ich eine Tasse Tee und lese 15 Minuten in meinem Lieblingsbuch.« Diese »Wenn-dann«-Pläne sind in ihrer Wirksamkeit sehr gut bestätigt[23] und lassen sich auf sehr viele unterschiedliche Lebens- und Arbeitsbereiche anwenden: »*Wenn* mein Chef mich zum wiederholten Male zehn Minuten vor Ende der Arbeitszeit auffordert, noch Arbeit X zu erledigen, *dann* sage ich freundlich und bestimmt: ›Ich möchte diese Arbeit sorgfältig und gründlich erledigen. Das ist in der Kürze der verbleibenden Zeit heute nicht machbar. Ich werde mich sofort morgen als Erstes darum kümmern.‹« Es ist sehr hilfreich, solche Formulierungen schon fertig im Kopf zu haben, um sie in der Situation möglichst schnell und zuverlässig abrufen zu können.

- **Rückschläge einplanen:** Selten gelingt ein Veränderungsprozess im ersten Anlauf. Die meisten Menschen benötigen mehrere Anläufe, selbst wenn die Ziele attraktiv sind. Bei unseren Klienten erleben wir nicht selten über zehn Neustarts, bevor ein Verhalten auch tatsächlich angewendet wird. Stellen Sie sich also darauf ein, und verfolgen Sie John F. Kennedys Formel zum Durchbruch: »Erfolg bedeutet, einmal mehr aufzustehen, als man hingefallen ist.« Auch hier kann ein »Wenn-dann«-Plan helfen: »*Wenn* ich in mein altes Verhaltensmuster zurückfalle, *dann* schenke ich mir ein Lächeln, bin großzügig mit mir selbst und beginne wieder von vorne.«

  Auch wenn Sie all diese Hinweise berücksichtigen, werden Sie mit großer Wahrscheinlichkeit Rückschläge erleben. Das ist völlig normal und Sie sollten es einkalkulieren.

- **Erfolge benennen und festigen – »Eigenlob stärkt«:** Sprechen Sie über Ihre Erfolge. Jedes Mal, wenn Sie anderen darüber berichten, wie erfolgreich Sie in der Umsetzung ihrer Ziele sind, festigen Sie die neuronalen Netzwerke in Ihrem Gehirn, die gerade dieses Verhalten produzieren. Loben Sie sich selbst und belohnen Sie sich für Ihre Erfolge.

Sie ahnen es schon: Die beschriebenen Hinweise (es sind keine einfachen Tipps!) zur Zielerreichung sind in der Umsetzung häufig sehr anspruchsvoll. Daher ist es durchaus sinnvoll, sich bei Bedarf einen Profi zur Unterstützung zu gönnen. Ein guter Gesundheitscoach hilft sowohl bei der individuellen Zielfindung als auch bei der Verhaltensänderung.

Die Macht der Rituale nutzen

Ein Ritual ist ein zeitlich und inhaltlich festgelegter Ablauf, der nicht mehr verhandelbar ist. Im Kontext Gesundheit und Älterwerden können Sie biologische (zum Beispiel bestimmte Atem- oder Körperübungen), psychologische (zum Beispiel die jährliche Reflexion von Lebens- und Arbeitszielen) und auch soziale Rituale (zum Beispiel Freundschafts- oder Kollegentreffen) überdenken. Für viele Menschen sind Geburtstage, Weihnachten oder andere Feiertage solch festgelegte Rituale. Aber auch kleine Alltagshandlungen wie das morgendliche Zähneputzen oder der Abendspaziergang gehören für viele fest zum Tagesablauf, ohne jeden Tag neu hinterfragt zu werden. Oder denken Sie sich morgens: »Putze ich heute meine Zähne oder nicht«? Wahrscheinlich kommt Ihnen diese Frage gar nicht in den Sinn, weil diese Handlung völlig automatisiert ist. Wenn Sie Verhalten also langfristig verändern wollen, sodass Sie es selbst dann beibehalten, wenn der Alltagsstress Sie voll im Griff hat, dann kann eine Ritualisierung sehr hilfreich sein. Sicherlich haben Sie bereits eine Reihe von Ritualen entwickelt, die Sie sich als Ritual überhaupt nicht mehr bewusst machen: Vielleicht frühstücken Sie täglich gut und in Ruhe; oder Sie gehen jeden Freitagabend in die Sauna; oder Sie gehen jeden ersten Samstag im Monat mit Freunden wandern oder gönnen sich einmal im Jahr einige Tage Auszeit an einem ruhigen Ort (oder an einem ganz unruhigen).

Nun gilt es, im Laufe der Jahre entstandene Rituale daraufhin zu hinterfragen, ob sie noch angemessen und dienlich sind oder ob sie zugunsten anderer ausgetauscht werden sollten. Die folgende Übersicht soll Sie dabei unterstützen, alte und neue Rituale zu überdenken. Ihre künftigen Rituale können Sie in die anschließende Reflexion 4 eintragen.

Bei der Reflexion zu den Ritualen können folgende Fragen hilfreich sein:

- Welchen Bedarf an Veränderung spüre ich in meinem Bewegungs-, Ernährungs- und Erholungsverhalten?
- Welche sozialen Aktivitäten würden mir guttun?
- Wie müssen diese Aktivitäten gestaltet sein, damit ich mich auf deren Umsetzung freuen kann oder zumindest keinen inneren Widerstand dagegen spüre?

Bei der Einführung neuer Rituale hilft das Motto: Wenig und exzellent! Gleichzeitig sollten diese Neuerungen in der Art gestaltet sein, dass sie Ihnen ein gutes Gefühl bei der Umsetzung vermitteln.

Informatikerin	Biologisch	Psychisch	Sozial
Tagesrituale	10 Minuten Yogaübung nach der Arbeit; Spaziergang in der Mittags-pause.	Zum Einschlafen in einem guten Buch lesen.	
Wochenrituale	Donnerstag: Yogakurs.	Tagebuch über Berufliches und Privates.	Dienstag: After Work Drink mit zwei Kollegen
Monatsrituale		Treffen mit dem Literaturkreis.	Abendessen mit einer Freundin.
Jahresrituale		Sommerkurs an der Kunst-akademie. Reflexion zu den Jahreszielen.	Familientreffen
Teamleiter	**Biologisch**	**Psychisch**	**Sozial**
Tagesrituale	Jeden Morgen: Dehnübungen; 2 x 10 Minuten »richtige« Pause.	15 Minuten autogenes Training zum Feierabend.	Vor dem Schlafengehen eine Runde mit B. spazieren gehen.
Wochenrituale	Samstag: Sauna und Massage.	Reflexion: Was ist mir diese Woche wichtig?	Freitag: Tanzen mit B.
Monatsrituale			Jeden ersten Montag: Skat mit Heinz und Erich.
Jahresrituale	Check-up beim Internisten und Zahnarzt.	Drei Tage Angeln mit Peter.	Städtetour mit der Familie.

Übersicht 2: Beispiel-Rituale einer Informatikerin (33 Jahre, mit erhöhtem Bedarf im L-Bereich) und eines Teamleiters (54 Jahre, mit starkem Bedarf im P-Bereich)

Reflexion 4: Wie könnten Ihre künftigen Rituale aussehen?

	Biologisch	Psychisch	Sozial
Tagesrituale			
Wochenrituale			
Monatsrituale			
Jahresrituale			

Viele gute Vorsätze scheitern daran, dass die Ziele zu hoch gesteckt sind. Die Frustration, diese Ziele dann nicht zu erreichen, blockiert, demotiviert und wird nicht selten als Charakterschwäche definiert – man fühlt sich als Versager! Sollten Sie sich also beispielsweise vornehmen, Ihr Bewegungsverhalten zu verbessern, so könnten

- einige Dehnungsübungen nach der Morgentoilette,
- der Grundsatz, bis zu drei Etagen niemals den Aufzug zu benutzen,
- zweimal die Woche ein Spaziergang

zieldienlicher sein, als sich in einem Fitnessstudio anzumelden oder der Vorsatz, dreimal die Woche morgens vor der Arbeit zu joggen.

Soziale Rituale in der Gesundheitsförderung

Viele denken bei dem Wort Gesundheit vor allem an Bewegung, Ernährung und Entspannung; sie vernachlässigen die Tatsache, dass soziale Kontakte und gutes menschliches Miteinander für die Gesundheit ebenso wichtig – oder noch wichtiger – sind. Besonders für Menschen, die beruflich sehr engagiert sind, dürfte ein gutes soziales Ritual nicht selten der Ernährungsumstellung überlegen sein.

Häufig sind es gerade Kontakte mit Freunden, die auf der Strecke bleiben, wenn man sich beruflich in angespannten Zeiten befindet. Ein festgelegtes Ritual kann eine wichtige (manchmal auch eine entscheidende) soziale Ressource darstellen – etwa sich mit Menschen, die einem etwas bedeuten, wenigstens einmal im Monat zu treffen. Aber auch berufliche soziale Rituale wie das wöchentliche gemeinsame Mittagessen, das Monatstreffen mit Kollegen oder der jährliche Betriebsausflug können – wenn die Rahmenbedingungen stimmen – als gesundheitsfördernde Elemente wirksam werden.

Verhalten ist immer auch abhängig von inneren Bildern, Einstellungen, Glaubenssätzen und Vorstellungen, die uns ständig – manchmal bewusst, viel häufiger aber unbewusst – begleiten. Unsere inneren »Leitbilder« prägen unser Verhalten ähnlich wie ein Anti-Viren-Softwareprogramm, das im Computer immer im Hintergrund mitläuft, ohne dass wir es bemerken. Interessant ist in diesem Zusammenhang, dass in einer Studie[24] belegt wurde, dass ein positives Selbst- und Altersbild für die Überlebensrate bedeutsamer ist als jeder biologische Parameter. Für diese positive Ausgestaltung Ihres Selbst- und Altersbilds können Sie etwas tun.

Mein Altersleitbild: Wie könnte es aussehen?

»Für angenehme Erinnerungen muss man im Voraus sorgen.«
P. Hörbiger

Unternehmen haben Leitbilder. Diese Leitbilder sollen Führungskräften und Mitarbeitern Werte vermitteln, Orientierung geben und Ziele sowie Visionen des Unternehmens beschreiben. Die Funktion von Leitbildern wirkt zum einen nach innen: Sie stärken die Identifikation, sie motivieren und geben im Idealfall Handlungsimpulse und -orientierungen. Ein Leitbild hat aber auch immer eine Botschaft nach außen: Es kann und soll das Image eines Unternehmens prägen, es kommuniziert Unternehmenswerte und stellt somit auch eine Form der Öffentlichkeitsarbeit dar. Je größer das Unternehmen, desto aufwändiger die Kommunikation des Leitbildes: Hochglanzbroschüren, Plakate, Internetdarstellungen und Filme verbreiten Idealbilder, manchmal Visionen, manchmal auch Utopien.

Die Kluft zwischen Leitbild und Realität

Sehr häufig hören wir die Klagen von Mitarbeitern, dass das Leitbild wohl schön formuliert sei, aber mit dem realen Leben im Betrieb wenig bis gar nichts zu tun habe. Normal ist sicherlich, dass eine Lücke existiert zwischen dem dort formulierten Anspruch und der tatsächlichen Umsetzung im Alltag. Denn auch privat können wir Ziele, Werte und Grundsätze haben, die uns etwas bedeuten; dies heißt aber noch lange nicht, dass es uns gelänge, diese Werte auch immer zu leben. Man muss sie sich ständig bewusst machen, sich an sie erinnern und mit ihnen auseinandersetzen, damit Ziel und Handeln sich einander annähern. Völlige Übereinstimmung von Leitbild und realem Leben dürfte wohl die Ausnahme sein – auch oder gerade im betrieblichen Kontext.

Die Lücke, die zwischen Leitbild und Realität klafft, ist also nicht das Problem. Lediglich die Größe der Lücke kann dazu werden. Wenn Mitarbeiter an keiner Stelle erkennen können, dass die Leitbildinhalte auch gelebt werden, dann werden Vertrauens- und Glaubwürdigkeit des Unternehmens massiv beschädigt. Anderseits sollten Mitarbeiter auch anerkennen, dass sie erstens nur einen kleinen Ausschnitt der Realität wahrnehmen und deshalb selten für das Gesamtunternehmen sprechen können; zweitens, dass sie selbst Teil des Unternehmens sind und somit ihren Beitrag dazu leisten können, die Leitlinien mit Leben zu füllen (sei er auch noch so klein); und drittens, dass viele dazu neigen, den Mangel stärker und schneller wahrzunehmen als die Ressourcen. So kann ein Mitarbeiter in bestimmten Fällen vielleicht mit Recht beklagen, dass die in den Leitlinien formulierte Wertschätzung bei ihm nicht ankommt; andererseits wird aber gerade die Kreativität, die ebenfalls als Wert formuliert wurde, sehr unterstützt und befeuert. Werden einzelne Werte nicht oder nur ungenügend gelebt, muss das nicht bedeuten, dass das ganze Leitbild überflüssig ist. Es soll vielmehr ein dauernder Mahner, ein Ansporn und eine Legitimation sein, die Umsetzung dieser Werte einzufordern und zu realisieren. Die Führungskräfte sind dabei die wichtigsten Protagonisten für die Umsetzung. Mit ihrem Verhalten, mit ihren Entscheidungen gestalten sie das »Lebensumfeld« der Leitlinien.

Das eigene Wertesystem als Basis des persönlichen Altersleitbildes

Ebenso wie Unternehmen sich mit mehr oder weniger Erfolg um Leitlinien bemühen und deren Sinn erkannt haben, kann jeder Mitarbeiter sein persönliches Leitbild entwerfen und sein berufliches wie privates Leben danach ausrichten. Im Gegensatz zum Unternehmensleitbild können Sie Ihre ganz persönlichen Grundsätze, Werte und Ideen Ihres Denkens, Fühlens und Handelns entwerfen. Sie können sie einem Realitätscheck unterziehen: »Kann ich das tatsächlich auch umsetzen? Liegt es in meinem Einflussbereich?« Sie sind die einzige Instanz, die bestimmt: »Sind diese Ziele es mir wert, dafür auch Energie und Zeit einzusetzen?«

Der schriftliche Entwurf eines Altersleitbildes hat aus unserer Sicht viele Vorteile: Die Schriftform zwingt Sie zur Präzisierung der Gedanken, was wiederum zu mehr innerer Klarheit verhilft. Je klarer Sie benennen können, was für Sie wichtig ist, desto größer ist die Chance, es auch zu erreichen. Geschriebenes ist nicht so flüchtig wie Gedachtes. Das schriftlich verfasste Leitbild unterstützt Sie dabei durch seine materielle Form – vielleicht in Gestalt eines Hefts –, das Thema präsent zu halten, sich immer wieder zu besinnen und/oder Gedanken zu aktualisieren. Besonders spannend kann es werden, zu sehen, wie sich solche Leitbilder über die Jahre hinweg ausdifferenzieren und manchmal auch verändern.

Verantwortung für die eigene Haltung übernehmen

Im Gegensatz zum Unternehmensleitbild sind Sie bei Ihrem persönlichen Leitbild die einzig »denkende und handelnde Macht«. Sie allein sind dafür verantwortlich, was dort steht, und ebenso dafür, wie Sie die dort beschriebenen Inhalte mit Leben füllen. Das kann für manche ein Grund sein, kein Leitbild zu entwerfen!

Doch legen wir die Latte lieber nicht so hoch, dass wir gar nicht erst zu springen versuchen: Auch im persönlichen Altersleitbild werden Anspruch und Wirklichkeit wohl kaum und schon gar nicht ständig völlig übereinstimmen. Erfolg bedeutet, sich dem dort gezeichneten Idealbild im Laufe des Lebens immer mehr zu nähern.

Bei der Gestaltung des Altersleitbildes gibt es kein »richtig« oder »falsch«, keine Form, die gewahrt werden müsste – lediglich die Empfehlung, es schriftlich zu verfassen. Sie können in einem Fließtext formulieren oder in Stichworten. Der Text kann eine halbe Seite oder zwanzig Seiten umfassen. Die einzig wichtige Regel lautet: Alles, was dort steht, das sind Ihre Gedanken, Ihre Werte, Ihre Ziele. Kopf und Bauch sind synchronisiert beim Lesen des Altersleitbildes und sagen: »Ja, genau so will ich sein, so will ich mich entwickeln!«

Zwei Beispiele

Aus unserer Sammlung von Altersleitbildern verschiedener Klienten stellen wir Ihnen im Folgenden zwei Beispiele vor, Frau S. und Herrn B.

Zunächst ein Auszug aus dem Altersleitbild von Frau S.: Sie ist Personalchefin in einem Industriebetrieb, 51 Jahre alt, verheiratet und hat zwei Kinder. In ihrem Leitbild beschreibt Frau S. verschiedene Themenblöcke aus ihrem umfangreichen Wertekodex. Wir stellen daraus drei ihrer zentralen Werte – soziale Beziehungen, Lernen und Entwickeln sowie den Umgang mit dem Körper – und das mit diesen Werten verbundene Zielverhalten vor:

»Mein Altersleitbild soll mir helfen, mein Leben ganz nah an meinen persönlichen Grundwerten zu führen.

Es soll mich erinnern, ohne zu ermahnen.
Es soll mich unterstützen, ohne zu treiben.
Es soll mir helfen, die Frau zu werden, die ich sein will.

Soziale Beziehungen

Ich suche meine privaten Kontakte sorgfältig aus. Ich trenne mich von Menschen, die mich belasten, die mir nicht guttun und die nicht zuhören können. Ich pflege freundschaftliche und familiäre Beziehungen nicht aus Pflichtgefühl, sondern aus Überzeugung, weil ich diese Menschen schätze und mag.

Ich freue mich über berufliche Kontakte, die mich auch gleichzeitig privat bereichern. Meine Kollegen und Vorgesetzten müssen aber keinesfalls meine Freunde sein. Ein respektvoller Umgang reicht mir aus. Sollte ich mich verletzt oder nicht respektvoll behandelt fühlen, spreche ich es klar und offen an. Wenn nötig, fordere ich mir Respekt aktiv ein.

Ich widerspreche bei Ungerechtigkeiten. Ich muss und werde mich nicht verbiegen, um die Sympathie anderer zu erlangen. Ich »leiste« mir Gegner.

Ich bemühe mich im beruflichen Kontext um ein gutes Miteinander. Dafür investiere ich Zeit, Energie und auch Geld. Ich biedere mich nicht an, aber ich mache Angebote zum beruflichen (manchmal auch privaten) Dialog. Ich engagiere mich für Schwächere, unterstütze junge Kollegen in ihrer Entwicklung. Ich bin bereit, Wissen und Erfahrung weiterzugeben, solange mir die Kollegen mit Wertschätzung dafür begegnen. Ich achte und respektiere meine Grenzen und schütze mich vor Ausbeutung.

Ich organisiere und pflege regelmäßige Treffen, sowohl privat als auch beruflich.

Lernen und Entwickeln

Für mich bedeutet Älterwerden auch, meine Fähigkeiten zu entwickeln und zu entfalten. Dazu gönne ich mir einmal jährlich eine umfangreichere Fortbildung zu einem Thema, das mich beruflich voranbringt. Für die Auswahl des Themas, die Organisation und auch die Kosten bin ich selbst verantwortlich. Wenn mein Arbeitgeber mich nicht unterstützen sollte, werde ich das in Eigeninitiative durchführen. Ich betrachte meine Weiterbildung als Investition in meine persönliche Entwicklung. Ich verfolge regelmäßig die Neuerscheinungen von Fachbüchern sowie Artikeln und Beiträgen aus meinem Fachgebiet. Als Richtschnur gilt für mich, zumindest ein Fachbuch im Quartal zu lesen und zu verarbeiten.

Neben meiner beruflichen Bildung pflege ich auch meine »privaten« Bildungsthemen. Eine Zeitschrift pro Woche, ein Buch pro Monat, eine Kulturveranstaltung alle zwei Monate und eine (Kultur-)Kurzreise im Jahr stellen für mich die Grundnahrung meiner persönlichen Bildung dar.

Ich versuche Schritt zu halten mit den neuen Medien, ohne mich irgendeinem Diktat zu unterwerfen. Dabei werde ich mich bedarfsorientiert von Experten unterweisen lassen oder – noch besser – versuchen, die Herausforderungen selbst zu lösen. Ich werde kein neues Medium von vornherein ablehnen, ohne zumindest einen Einblick in die Funktionsweise und den möglichen Nutzen gewonnen zu haben.

Ich lerne vor allem aus Kontakten zu anderen Menschen. Ich höre ihnen zu, versuche ihre Sichtweisen zu verstehen und mich in ihre Welten einzufühlen. Ich frage nach, bis ich verstanden habe, und ich gebe es zu, wenn ich nicht verstanden habe.

Körper

Ich nehme die biologischen Veränderungen im Prozess des Älterwerdens an. Ich klage nicht. Ich darf so alt aussehen, wie ich bin, und werde nicht versuchen, mein Alter zu verstecken. Mit regelmäßiger Pflege und Training meines Körpers erreiche ich einen meinem Alter entsprechend guten Fitnessgrad und ein gutes Körpergefühl. Mein Trainingsplan ist vereinbar mit meinem Berufs- und Familienleben und stellt keine zusätzliche Belastung dar. Einmal jährlich überprüfe ich die Trainingszeiten und -inhalte und stimme sie bei Bedarf neu ab. Medizinische Vorsorgeuntersuchungen sind für mich fest im Jahresprogramm geplant. Ansonsten meide ich – soweit möglich – Apotheken, Ärzte und Therapeuten. Diäten sind für mich tabu. Ich genieße mein Essen und akzeptiere, dass mein Körpergewicht sich im Laufe der Jahre etwas erhöht hat. Im Beruf achte ich auf eine gute Pausenkultur. Ich sehe mich dabei auch als Vorbild für meine Mitarbeiter. Ich respektiere meinen mit den Jahren erhöhten Regenerationsbedarf, indem ich Tages-, Wochen- und Monatsrituale zur Entspannung pflege.

Ein Monatsritual besteht darin, das Leitbild auf »Wiedervorlage« zu terminieren, um es mir bewusst zu halten, zu überprüfen und manchmal auch zu verändern.«

Ganz anders sieht das Altersleitbild von Herrn B. aus. Er ist 61 Jahre alt, angestellter Ingenieur bei einem Automobilzulieferer, Führungskraft. Sehr kurz und lediglich in Stichworten formuliert er es wie folgt:

- »*Familie:* über alles
- *Arbeit:* klar strukturiert, sauber, präzise, gründlich, Wochenende ist Wochenende
  Mehr Kommunikation – Mehr Führung
  Aktuelles Arbeitsziel: Mit 65 werde ich weiter beratend tätig sein, 20h/Woche
- *Gesundheit:* achtsam, Sport regelmäßig, Alkohol in Maßen – 3 Abende pro Woche alkoholfrei, nie wieder rauchen, Schlaf regelmäßig, 7 Stunden
- *Motorrad:* wichtig von April bis Oktober; mindestens 2 Ausfahrten im Monat; 1 x jährlich Bikertreffen
- *Lernen:* nie aufhören – Konzentration auf Weniges – Beratungstätigkeiten professionalisieren«

Herr B. trägt dieses sehr knapp gefasste Leitbild immer mit sich in seiner Brieftasche. Zudem hat er es sowohl auf seinem Smartphone als auch auf seinem PC gespeichert. Der Desktop des PCs und das Display seines Handys erinnern ihn mit einem Bild immer wieder an diese Grundsätze.

Vom Alters- zum Entwicklungsleitbild

Auch jungen Menschen kann ein eigenes Leitbild helfen, um Orientierung in der Vielfalt von beruflichen und privaten Anforderungen zu finden. Die immer wiederkehrende Beschäftigung mit dem eigenen Leitbild hilft in jedem Lebensalter Werte zu bestimmen, Haltungen zu klären, Lebensentwürfe auf Stimmigkeit zu überprüfen und unter Umständen Handlungsstrategien anzupassen. Wenn Sie dann die Veränderung und Entwicklung dieses Leitbildes über verschiedene Lebensphasen verfolgen, dann können Sie einerseits immer wieder Bilanz ziehen zwischen den Zielen und dem Erreichten, andererseits können Sie Ihre Gedanken und Ihre jeweilige Lebensphase anpassen. In diesem Leitbild steht nicht das Älterwerden alleine im Fokus, sondern Ihre ganz persönliche Entwicklungsrichtung aus der Perspektive des aktuellen Alters. Um ein solches Leitbild zu erstellen, kann es hilfreich sein, sich folgende Fragen zu beantworten:

Was sind meine drei wichtigsten Werte im Beruf? Worauf möchte ich keinesfalls verzichten?

Was sind meine drei wichtigsten privaten Werte? Welche Werte sind für mich unverhandelbar? Was werde ich keinesfalls »verkaufen«, zu welchem Preis auch immer?

Das innere Bild entscheidet

Die Entwicklung einer positiven inneren Haltung zum eigenen Alterungsprozess ist die Voraussetzung für gelingendes Älterwerden in allen Lebensbereichen.[25] So können Sie Ihr Leitbild auch über das Berufliche hinaus ganz allgemein formulieren. Wie möchten Sie älter werden? Was sind Ihre zentralen Werte, wie möchten Sie sein, wer möchten Sie sein und wohin wollen Sie sich entwickeln? In einer Gesellschaft, in der das Älterwerden immer noch negativ bewertet wird, stellt die Entwicklung eines positiven Altersbildes eine große Herausforderung dar, bei der Sie auch auf Widerstände stoßen werden. Täglich werden Sie überflutet mit Bildern und Geschichten, die suggerieren: jung = gut, schön, gesund und leistungsfähig; alt = schlecht, unattraktiv, krank und nicht so leistungsfähig. Sie können dem etwas entgegensetzen. Gestalten Sie Ihre Bilder und erzählen Sie neue Geschichten, erzählen Sie *Ihre* Geschichte. Verändern Sie Ihre Wahrnehmung: Wo finden Sie gute Vorbilder, welche Menschen, die älter als Sie selbst sind, beeindrucken Sie? Welche Ihrer Eigenschaften und Fähigkeiten können Sie in den kommenden Jahren zum Erblühen bringen? Wie könnte Ihr ganz persönliches Motto zum Älterwerden lauten?

Ein Abteilungsleiter in der Verwaltung brachte dies in folgenden Worten für sich auf den Punkt: »Ich entwickle mich kontinuierlich und übe mich in engagierter Gelassenheit.«

Teil 2

Reflektieren und reagieren

»Der Mensch grüßt mit Leidenschaft den Menschen, der er sein könnte.«

N. N.

Älter werden heißt nicht zwangsläufig klüger werden. Allein das Erleben und Durchleben vielfältiger Situationen sowie die damit verbundenen Erfahrungen machen noch nicht weise. Erst dann, wenn wir diese Erlebnisse und Erfahrungen reflektieren und uns damit auseinandersetzen, können daraus echte Erkenntnisse werden.

Portia Nelson zeichnet mit dem Text »There's a hole in my sidewalk«[26] ein gutes Bild dafür, wie bedeutsam die Reflexion von Erfahrungen ist: Sie erzählt von der Erfahrung, auf einer Straße in ein tiefes Loch zu fallen; sie fühlt sich verloren, aber sie erlebt es ist nicht als die eigene Schuld. Und wieder kommt die Erzählerin dieselbe Straße entlang, sieht das Loch im Gehsteig, tut aber so, als sähe sie es nicht – und fällt wieder hinein; aber sie sieht immer noch keinen Zusammenhang zwischen ihrem Verhalten und dem Geschehnis. Als sie später wieder dieselbe Straße entlang geht, sieht sie das Loch, fällt aber aus Gewohnheit wieder hinein, mit geöffneten Augen – und sie realisiert, es ist ihre eigene Schuld. Dann geht sie dieselbe Straße entlang, in der immer noch dieses tiefe Loch im Gehsteig ist. Sie umgeht es. Letztendlich wählt sie eine andere Straße.

Eine gute Übersetzung des Textes von Portia Nelson finden Sie bei Sean Covey.[27]

Selbstreflexion ist die Voraussetzung für gelingendes Selbstmanagement.

Der Begriff des Selbstmanagements ist keineswegs neu und wird in vielen Kontexten mit unterschiedlichen Bedeutungen benutzt. Schon 1927 hat der Psychologe und Ökonom Gustav Großmann, ein Wegbereiter der methodischen Arbeits- und Lebensgestaltung, die Grundlagen gelegt für viele Gedankenmodelle der Selbstorganisation, der persönlichen Zeitplanung und Selbstführung.[28] Nietzsche, Schopenhauer und viele andere Geisteswissenschaftler haben sich mit diesem Thema auseinandergesetzt. In den letzten Jahrzehnten kamen unter immer wieder neuen Namen und Vermarktungskonzepten die Grundideen von Philosophen und Ökonomen etwas aufgehübscht auf den Markt. Werden diese alten philosophischen und manchmal auch pragmatisch orientierten Grundsätze in stark vereinfachte Form gefasst, suggerieren sie Menschen, dass sie durch die Anwendung bestimmter »Techniken« die Zeit managen, sich selbst optimieren und so ganz schnell zu ihrem Glück finden könnten. Verführerisch, aber unwahr.

Ein gelingendes Älterwerden im Beruf ist aus unserer Sicht untrennbar verbunden mit einem proaktiven Selbstmanagement. Das bedeutet,

- den Willen und die Fähigkeit einzusetzen, über sich selbst, die eigenen Werte, Ansprüche, Gefühle, Verhaltensweisen und äußeren Rahmenbedingungen zu reflektieren;
- individuelle und situationsgerechte Veränderungen bei Bedarf einzuleiten und umzusetzen, Veränderungen immer wieder zu üben;
- die Verantwortung für sich selbst – das eigene Denken, Fühlen und Handeln – zu übernehmen.

Es geht also nicht um die Anwendung von Instrumenten im Sinne einer Gebrauchsanweisung. Aus der Fülle der Gedankenmodelle des Selbstmanagements beschreiben wir im Folgenden exemplarisch einige, die im Prozess des Älterwerdens von vielen unserer Klienten als hilfreich und unterstützend erlebt wurden. Diese Modelle geben keine Lösungen vor. Sie erleichtern lediglich das Nachdenken. Es verhält sich damit ähnlich wie mit der Ausrüstung des Bergsteigers, der Steigeisen und Seile mit auf den Weg nimmt: Klettern müssen Sie schon selbst.

Einfluss- und Interessenbereich: Wirken oder Wollen?

»Gott, gib mir die Gelassenheit, Dinge hinzunehmen, die ich nicht ändern kann, den Mut, Dinge zu ändern, die ich ändern kann, und die Weisheit, das eine vom anderen zu unterscheiden.«

Dieser Satz wird dem US-amerikanischen Theologen Reinhold Niebuhr zugeschrieben und auch häufig unter dem Namen »Gelassenheitsgebet« zitiert. Die Anonymen Alkoholiker nutzen es ebenso wie die Bundeswehr und viele andere Vereinigungen als Wahlspruch. Der Gedanke geht allerdings nicht nur auf Niebuhr zurück, sondern er hat viele Väter: Man findet ihn bei den alten Griechen ebenso wie in der klassischen Literatur, beispielsweise bei Friedrich Schiller: »Wohl dem Menschen, wenn er gelernt hat, zu ertragen, was er nicht ändern kann, und preiszugeben mit Würde, was er nicht retten kann.« Der bekannteste Vertreter der positiven Psychologie, Martin Seligman und auch viele andere Therapeuten, Trainer und Autoren arbeiten mit diesem Ansatz. Stephen Covey, Dozent für Selbstmanagement, nutzte diese gedankliche Vorarbeit und integrierte sie in seine Theorie zum Einfluss- und Interessenbereich.[29]

Die Wahlfreiheit nutzen

Jeder Mensch hat Lebensbereiche, in denen er unmittelbar Einfluss ausüben kann. Sie können jetzt beispielsweise das Buch zusammenklappen, um Ihre Zeit und Energie auf andere Dinge zu verwenden. Sie können sich entscheiden, heute Abend Sport zu treiben oder fernzusehen. Ja, Sie können morgen entscheiden, ob Sie zur Arbeit gehen oder zu Hause bleiben. Selbstverständlich müssten Sie dann auch die Konsequenzen dieser Entscheidung tragen. Bei vielen Dingen im Leben haben Sie eine Wahl, häufig bei mehr, als Sie üblicherweise realisieren. Der Einflussbereich bezieht sich auf Ihr eigenes Denken, Fühlen und Handeln. Dafür können und sollten Sie Verantwortung übernehmen.

Es gibt selbstverständlich eine Grenze Ihres Einflussbereiches. Dort haben Sie vielleicht ein berechtigtes Interesse, aber keinen Einfluss mehr: »Ich wünsche mir, dass die Sonne heute scheint; ich möchte dieselbe körperliche Leistung wie vor 30 Jahren erbringen, und mein neuer Chef soll sich so verhalten wie mein alter Chef.« Hier befinden Sie sich in Ihrem Interessenbereich, der außerhalb Ihres Einflusses liegt.

Für Ihr Selbstmanagement ist es bedeutsam, in welchen der beiden Bereiche Sie mehr Energie investieren. Menschen, die sich auf ihren Einflussbereich konzentrieren, vergrößern im Laufe der Jahre ihren Einfluss, weil sie mehr Zeit und Kraft darauf verwenden, nach Lösungen zu suchen und anzupacken. Menschen, die ihre Energie und ihre Gedanken auf Lebensbereiche fokussieren, die zwar interessant für sie sind, aber nicht veränderbar, verringern den Einfluss, den sie ausüben könnten.

Den Einflussbereich vergrößern

Ein Beispiel: Ein Ergotherapeut in einer Rehabilitationsklinik hatte bei seinem Vorgesetzten mehrfach einen Weiterbildungsantrag für ein Kommunikationstraining gestellt. Immer wieder wurde dieses Ansinnen abgelehnt mit dem Hinweis, dass therapeutische Techniken wichtiger seien als

Kommunikation. Wenn überhaupt, dann solle sich der Therapeut in einer spezifischen Behandlungstechnik weiterbilden. Das würde die Klinik dann auch bezahlen. Der Therapeut musste nach mehreren Versuchen erkennen, dass sein Einflussbereich hier eine Grenze hatte. Er entschied sich, seine Freizeit und sein privates Geld in die gewünschte Maßnahme zu investieren. Nach dieser Weiterbildung berichtete er bei den regelmäßigen Teambesprechungen von den dort erlernten Vorgehensweisen und über deren Nutzen im therapeutischen Alltag. Die Kollegen zeigten sich sehr interessiert und baten den Therapeuten, sein Wissen in Form von internen Weiterbildungen und Supervisionen im Team weiterzugeben. Mittlerweile gilt der Therapeut als wichtiger Ansprechpartner bei den verschiedensten kommunikativen Herausforderungen mit Patienten und deren Angehörigen, im Konfliktfall zwischen Kollegen oder auch gegenüber anderen Berufsgruppen in der Klinik. Der Vorgesetzte sowie die Klinikleitung haben mittlerweile zugestimmt, dass diese Art der Weiterbildung als festes Angebot für alle Therapeuten zur Verfügung steht. Der Ergotherapeut leitet jetzt eine eigene Abteilung und hat somit seinen Einflussbereich deutlich vergrößert.

Gelegenheit verpasst

Ein anderes Beispiel: Ein neunköpfiges Team aus der öffentlichen Verwaltung arbeitete unter chaotischen Verhältnissen. Arbeitsstrukturen und Arbeitszeiten gaben den Mitarbeitern immer wieder Anlass zu klagen. Der Einflussbereich der Mitarbeiter in ihrem Arbeitsfeld war gering. Ein neuer Vorgesetzter erreichte bei der übergeordneten Behörde, dass die Arbeit in diesem Team neu organisiert werden sollte. Er drängte darauf, die Mitarbeiter in diesen Veränderungsprozess mit einzubeziehen. Und tatsächlich, die zuständige Behörde gab grünes Licht und schlug folgende Vorgehensweise vor: Die Mitarbeiter sollten ihre Arbeitsprozesse selbst analysieren und Vorschläge dazu erarbeiten, an welcher Stelle Veränderungen sinnvoll seien. Gleichzeitig sollten die Teammitglieder ein Arbeitszeitmodell vorschlagen, in dem einerseits ihre eigenen Bedürfnisse berücksichtigt sind und andererseits eine gute Erreichbarkeit der Behörde gewährleistet ist. Außerdem sollten die Mitarbeiter einen Teamsprecher aus ihren Reihen wählen, der die Neuerungen kommuniziert und als Koordinator eingesetzt wird. Mit diesem Angebot erweiterte sich der Einflussbereich drastisch.

Das Ergebnis war allerdings niederschmetternd: Die Mitarbeiter, die schon seit Jahren über das starre Arbeitssystem schimpften, verblieben in ihrer Jammerhaltung und lehnten jegliche Beteiligung an dem Verbesserungsprozess ab. Begründung: »Das sehen wir ja überhaupt nicht ein, dass wir uns jetzt noch zusätzlich Gedanken über die gesamte Arbeitsorganisation und Zeitplanung machen sollen. Die da oben sollen uns gute Konzepte liefern, dann können wir immer noch darüber diskutieren.« Die übergeordnete Behörde reagierte verschnupft und unmissverständlich: Arbeitsorganisation und Arbeitszeitregelung wurden minutiös vorgeschrieben und in Form von Dienstanweisungen schriftlich festgehalten. Der Einflussbereich hatte sich deutlich verringert, weil die Kollegen ihre Kraft im Interessenbereich mit Jammern und Klagen verbracht hatten, anstatt die Gelegenheit zu nutzen und zu handeln.

Mit den Grauzonen experimentieren

Nicht immer ist es offensichtlich, ob eine Entscheidung im eigenen Einflussbereich oder nur im Interessenbereich liegt. Zwischen Einfluss- und Interessenbereich gibt es wohl eine nicht zu unterschätzende Grauzone, den indirekten Einflussbereich. Manchmal ist es von vornherein nicht absehbar, ob sich ein Engagement lohnt, da das gewünschte Ereignis auch von anderen Personen und deren (nicht kalkulierbarem) Wohlwollen und Verhalten abhängt. So liegt es beispielsweise nicht in Ihrem direkten Einflussbereich, eine Gehaltserhöhung zu erreichen. Sie haben aber verschiedene Möglichkeiten, die Wahrscheinlichkeiten dafür zu erhöhen: realistische Zielsetzung durch Informationsbeschaffung zur betriebswirtschaftlichen Situation des Unternehmens, zu Tarifen oder anderen branchenüblichen Regelwerken, gute Vorbereitung der Gehaltsverhandlung sowie Nachbereitung: Was ist gut gelaufen? Was hätte ich besser machen können? Falls gescheitert, warum? Was werde ich beim nächsten Mal anders machen? Es gibt viele andere Beispiele, bei denen Sie keine klare Grenze zwischen Einfluss- und Interessenbereich ziehen können. Vielleicht ist Ihre Arbeit definitiv mehr Geld wert, Sie sind hervorragend vorbereitet, aber Ihr Arbeitgeber kann oder will einfach nicht mehr zahlen.

So wie in dieser Situation, so lohnt es sich auch in vielen anderen immer wieder, mit dem direkten und indirekten Einflussbereich zu experimentieren und Erfahrungen zu sammeln: Wo sind die Grenzen meines Einflusses? Wo brauche ich meine Energie nicht zu verschwenden? Wo könnte sich ein Engagement lohnen, auch wenn ich nicht alleine das Ergebnis beeinflussen kann? Wo kann ich mit meiner Energie auf jeden Fall etwas bewirken?

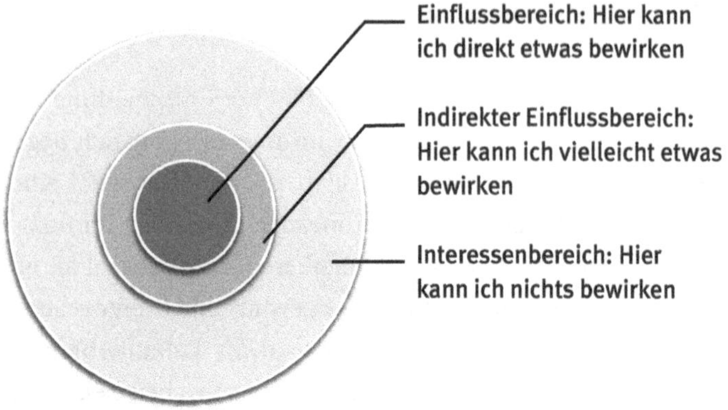

Abbildung 6: Einflussbereich, indirekter Einflussbereich und Interessenbereich

Machen statt meckern

Das Modell des Einfluss- und Interessenbereichs erscheint auf den ersten Blick einfach und selbstverständlich. Das bedeutet aber keinesfalls, dass dieses Modell in der Umsetzung banal wäre. Aus unserer Sicht gehört es zu den wichtigsten Selbstmanagementprinzipien, das Sie wie ein roter Faden durch Ihr Arbeits- und Privatleben begleiten kann.

Gelingendes Älterwerden im Beruf bedeutet für uns, kontinuierlich den Einflussbereich auszuweiten und gelassen mit dessen Grenzen zu leben. Mehr Machen im Einflussbereich und weniger Meckern im Interessenbereich, das brächte wahrscheinlich schon einen erheblichen Energiegewinn. Mit dieser neuen Reserve ließe sich dann in der Grauzone, also dem indirekten Einflussbereich, gut spielen und experimentieren.

Systemische Müllabfuhr: Was brauche ich nicht mehr?

»Wenn mir aber was nicht lieb, weg damit! Ist mein Prinzip.«
Wilhelm Busch

Was muss ich tun? Welche Informationen brauche ich? Was muss ich wissen, was denken, was haben, mit wem muss ich mich zusammentun, damit ich im Beruf gut gerüstet bin für die Zukunft? Diese Fragen sind berechtigt, gleichzeitig setzen sie viele Menschen unter Druck – und fordert diese Art der Fragestellung unterschwellig nicht ein »Immer mehr, immer aktiver werden, immer größer, immer weiter«?

Wir möchten diese Fragen daher umkehren: Was muss ich nicht mehr tun? Was sollte ich nicht mehr denken? Was brauche ich nicht mehr? Welche Informationen sind überflüssig für mich? Mit wem will ich nicht mehr zusammen sein, nicht mehr zusammenarbeiten? Von wem und von was will ich mich zumindest distanzieren?

Diese Frage nach dem »Was und wer nicht mehr?« scheint uns zu Beginn der Selbstklärung bedeutsamer als die Frage nach dem »Was noch?«. Wie in einem gut geführten Laden wird nicht ständig Ware hinzugekauft, bevor die vorhandenen Waren verkauft oder entsorgt wurden.

Ballast gefährdet

Auch in lebenden Organismen gibt es Funktionssysteme, die dafür sorgen, dass immer wenn etwas zugeführt wird, im Gegenzug auch etwas abtransportiert wird, damit das System leistungsfähig und gesund bleibt. Dieses Prinzip findet man beim Einzeller ebenso wie bei der Pflanze, beim Regenwurm, beim Säugetier und natürlich beim Menschen. So folgt beispielsweise dem Einatmen das Ausatmen. Das physiologische Ausatmen dauert sogar etwas länger als die Einatmung und die meisten Atemerkrankungen gehen mit einer Störung der Ausatmung (der Abgabe), nicht der Einatmung (der Aufnahme) einher. Dem Essen folgt die Ausscheidung über den Darm, dem Trinken die Ausscheidung über Niere, Blase und Haut. Bis auf die Zellebene findet man dieses Prinzip. Sollte der Wechsel zwischen Aufnahme und Abgabe nicht funktionieren, so leidet der Mensch zunächst an einer Befindlichkeitsstörung, danach an einer Funktionsstörung, später wird er ernsthaft krank und beim Zusammenbruch dieses rhythmischen Austauschs zwischen Aufnahme und Abgabe steht am Ende der Tod. Im Falle des Atmens geschieht das innerhalb von Minuten, bei der Aufnahme und Verstoffwechselung von Getränken und Nahrung dauert es wenige Tage. Bei vielen anderen körperlichen Austauschprozessen läuft dieser Prozess viel subtiler ab und die Störungen können sich über Jahre und Jahrzehnte hinweg manifestieren.

Dieses organische, lebenssichernde Prinzip des »Entmüllens« können Sie auch auf die materielle Umwelt, Informationen, Ihre Gedanken, Ihre Tätigkeiten, ja sogar auf menschliche Beziehungen anwenden. Der Managementexperte Peter Drucker und in Folge auch sein Kollege Fredmund Malik[30] haben dieses Prinzip auf Managementprozesse übertragen und es als systematische Müllabfuhr bezeichnet. Sie empfehlen Führungskräften, in bestimmten Rhythmen immer wieder zu hinterfragen, was sie nicht mehr tun sollten, anstatt permanent neue Aufgaben hinzuzunehmen. Dies soll, nach ihrer Ansicht, als wichtiges Führungsprinzip die Effizienz eines Unternehmens steigern.

Fünf Lebensbereiche entmüllen

Lange Lebens- und Arbeitszeiten führen nicht selten dazu, dass immer mehr angesammelt als entsorgt wird. Nach jahrelangem Sammeln können Sie sich in fünf Bereichen die Frage stellen, was Sie entsorgen möchten, weil es weder hilfreich noch anregend ist:

1. Dinge aus der materiellen Umwelt
2. Informationen (materielle, digitale)
3. Gedanken, Einstellungen und Glaubenssätze
4. Tätigkeiten
5. Menschen

Diese fünf Felder bilden ein komplexes System, dessen Komponenten auf vielfältige Weise ineinandergreifen und sich wechselseitig beeinflussen. So hat jedes Element dieses Systems einen mehr oder weniger großen Einfluss auf dessen andere Teile. Kommt ein neues Element hinzu, ändert sich ein Element oder verschwindet es, so verändert sich das gesamte System. Trennt sich beispielsweise ein Mensch von bestimmten Computerprogrammen, Büchern oder Informationen, wird er damit verbundene Tätigkeiten nicht mehr durchführen. Wenn er Weiterbildungsprospekte entsorgt, die sich seit fünf Jahren im Regal stapeln, dann kann das ein starkes Symbol für die endgültige Entscheidung gegen diese Qualifikation sein. Trennen Sie sich von bestimmten Gedanken, wie beispielsweise »Ich muss besser sein als Kollege Meyer«, dann könnte sich die Beziehung zu Meyer deutlich entspannen und die Stimmung im Team gelöster werden. Der Stresspegel für alle Mitarbeiter könnte sinken, die Arbeitsleistung sich verbessern. Entschließen Sie sich, eine ungeliebte Tätigkeit aufzugeben, so kann sich dies wiederum in Veränderungen der menschlichen Beziehungen oder in der sachlichen Umwelt niederschlagen. Sollten Sie sich entscheiden, sich künftig nicht mehr mit dem Kollegen in der Mittagspause zu treffen, der regelmäßig über Vorgesetzte und Kollegen herzieht, wird das sicherlich Auswirkungen auf Ihre Laune und körperliche Befindlichkeit haben, vielleicht aber auch auf Ihre Karriere.

Systemisch statt systematisch aussortieren

Im Gegensatz zu Malik und Drucker sprechen wir hier aber von einer *systemischen* und nicht – wie dort beschrieben – von einer systematischen Müllabfuhr. Es geht nicht um das systematische und vollständige Abarbeiten von Listen und Aufgaben. Das wäre eine Sisyphosarbeit. Das systemische Arbeiten bedeutet, an einem Punkt anzuknüpfen, der Ihnen aktuell bedeutsam erscheint. Beginnen Sie dort aufmerksam die Wirkungen zu beobachten und gehen Sie dann Schritt für Schritt weiter, wie ein Fischer, der nach jedem Fang sein Netz optimiert, indem er es repariert, verkleinert, Unrat entfernt und an die aktuellen Anforderungen anpasst.

Es geht nicht um ein schlichtes Aussortieren, sondern um eine Reflexion darüber, ob bestimmte Dinge für das künftige Leben etwas bedeuten.

Dinge reduzieren

»Reich wird man erst durch Dinge,
die man nicht begehrt.«
Mahatma Gandhi

Viele Menschen können diesen Prozess am leichtesten einleiten mit Dingen aus ihrer materiellen Umgebung: Gebrauchsgegenstände, Arbeitsmittel, Arbeitsmöbel, Arbeitsmaterialien, Dekorationen, Bücher, Zeitschriften, Werkzeuge aller Art, digitales sowie analoges Spielzeug … Mittlerweile haben auch viele Firmen erkannt, wie positiv sich ein entrümpeltes Büro auf die Stimmung und Leistungsfähigkeit der Mitarbeiter auswirken kann. In einigen amerikanischen Firmen gibt es zu diesem Zweck einmal im Jahr einen sogenannten »Desk Day«, einen Schreibtischtag. An diesem Tag treffen sich die Mitarbeiter in ihren Büros, um auszumisten und sich auszutauschen: Brauchen wir das noch? Wozu brauchen wir das? Wer hat das im zurückliegenden Jahr genutzt? Hilft es, oder nimmt es nur Platz weg? Über das Entrümpeln hinaus kommen die Kollegen miteinander ins Gespräch über Sinn und Unsinn nicht nur von überflüssigem Material, sondern damit verbunden auch von Arbeitsprozessen, -strukturen und manchmal auch der Art der Kooperation. Das Ergebnis besteht somit nicht nur in geordneten Arbeitsplätzen, sondern häufig auch in verbesserten Arbeitsabläufen und Arbeitsergebnissen. Man braucht kein Feng Shui-Anhänger zu sein, um die positive Wirkung eines Arbeitsplatzes zu spüren, der von überflüssigen Dingen befreit ist. Auch die japanische Lebens- und Arbeitsphilosophie des »Kaizen« (Kai = Veränderung, Wandel; Zen = zum Besseren), deren Ziel in der kontinuierlichen Verbesserung besteht, empfiehlt in einer fünfstufigen Vorgehensweise zur Optimierung des Arbeitsplatzes als ersten Schritt: »Entferne Unnötiges aus deinem Arbeitsbereich.«

Selbstverständlich fällt das nicht immer leicht, je nachdem, ob Sie sich eher als Sammler oder als Jäger fühlen. Es scheint fast ein Persönlichkeitsmerkmal zu sein, ob Menschen eher Dinge sammeln oder sich leicht und schnell davon trennen können. Welche Probleme das mit sich bringen kann, weiß jeder »Jäger«-Leser unter Ihnen leicht nachzuvollziehen, der mit einem »Sammler« verheiratet ist oder mit ihm lebt. So kann sich der Sammler nicht von seinen acht T-Shirts aus den 70er Jahren mit Led Zeppelin-Motiv trennen – auch wenn er sie seit mittlerweile 15 Jahren nicht mehr getragen hat. Nun geht es hier nicht um Geiz, sondern vielmehr um das eher unbewusste Motiv, sich nur schwer von einem Lebensgefühl und damit von einer Zeit zu verabschieden, die in diesen Hemden noch repräsentiert ist. Sie kennen sicherlich auch Menschen, die Kleidung, Brillen oder Frisuren tragen, die aus der Schlagerparade der 80er Jahre übrig geblieben zu sein scheinen. In unserer Nachbarschaft wohnt eine Frau, Mitte 60, die konsequent den Hippie-Look der 60er Jahre mit der dazu passenden Frisur trägt. Nein, keiner von uns muss sich dem Zeitgeist beugen und uniform mit der Masse marschieren, aber wir können über das tiefer liegende Motiv nachdenken: Warum will ich das nicht hergeben? Was lässt mich daran festhalten? Was würde an dessen Stelle treten, wenn es nicht mehr da wäre?

Es geht nicht darum, aus einem Sammler einen Jäger zu machen, sondern lediglich um das Überdenken von Angewohnheiten und ihrer Auswirkungen auf Arbeit und Leben. Häufig hören wir von eingefleischten Sammlern (deren Arbeitsplätze nicht selten einem Gemischtwarenladen in einem arabischen Bazar gleichen): »Das brauche ich alles, ich fühle mich hier wohl, ich brauche das kreative Chaos zum guten

Arbeiten. Ich finde alles, wenn ich es brauche.« Dem Arbeitspsychologen sei erlaubt, dies anzuzweifeln! Gestapelte Aktenberge wirken, auch wenn sie fein säuberlich nach Jahreszahlen sortiert sind, direkt auf Ihr Unterbewusstes und vermitteln nonverbal die Botschaft: »Uff, das muss ich noch alles bearbeiten, das kann ich heute gar nicht mehr schaffen.« Menschen in unaufgeräumten Büros oder an vollgestopften Arbeitsplätzen haben eine höhere Nackenspannung, bewegen sich weniger im Raum (es ist ja auch weniger Platz dazu da), fühlen sich schneller gestresst und sind viel häufiger mit Suchen beschäftigt als ihre Kollegen mit der gleichen Arbeit in geordneten Räumen mit Freiflächen.

Informationsflut und digitale Medien bewältigen

Wenn wir Mitarbeiter nach den Hauptstressoren in ihrem Arbeitsleben befragen, kommt das Thema Informationsmenge und -dichte zumeist auf einen der ersten drei Plätze. Viele beklagen die nicht mehr zu bewältigende Informationsflut: 50 E-Mails und mehr am Tag sind keine Seltenheit in deutschen Betrieben. Hochglanzwerbebroschüren, getarnt als wichtige Fachinformationen, verstopfen Briefkästen und Aktentaschen. Eine Fülle von E-Mail-Newslettern suggeriert deren Wichtigkeit für das berufliche Arbeiten sowie für die private Lebensgestaltung. Fast 900 unterschiedliche Publikumszeitschriften und rund 3500 Fachzeitschriften konkurrieren um die Leser. Selbst wenn Sie sich für ein klar definiertes Thema wie beispielsweise Demografie interessieren und den aktuellen Buchmarkt dazu kennen wollen, sollten Sie sich auf 500 bis 600 Buchtitel vorbereiten. Die Fachartikel, die Google dazu bereitstellt, stehen aktuell bei 95 100.

Keine Frage, nie zuvor hatten Menschen solche Möglichkeiten, sich umfassend zu informieren. Zugleich aber war es nie so aufwendig, die Spreu vom Weizen zu trennen. Gerade die Bewältigung der Informationsflut, gepaart mit der angemessenen Anwendung digitaler Medien, gehört sicherlich mit zu den größten Herausforderungen im modernen Arbeitsleben. Wenn Sie sich mit einem Thema nun aber wirklich gut auskennen wollen, ist die Art der Informationsauswahl und -verarbeitung grundlegend wichtig.

Wenn Sie Informationen aufnehmen, braucht Ihr Gehirn Zeit, um sie zu verarbeiten, zu verdichten, mit anderen Informationen zu verknüpfen; es muss sie »in Form« bringen. Lesezeit ist nicht identisch mit der Verarbeitungszeit des Gehirns. Tatsächlich können Informationen die biologische Struktur Ihres Gehirns verändern. Nur wenn sie dies tun, waren es wertvolle Informationen: Diese Struktur entsteht durch Lesen, Nachdenken und Diskutieren, durch Verknüpfen mit den eigenen Erfahrungen, noch einmal Lesen, noch einmal Nachdenken …

Das kann nicht funktionieren, wenn diese Informationen nur überflogen werden, wenn Sie in immer kürzerer Zeit immer mehr Wissen konsumieren. Anstatt Schnelllesekurse zu absolvieren und »Stichwortwissen« anzuhäufen, könnten Sie durch systemisches Entmüllen beispielsweise Raum und Zeit schaffen, um ein wichtiges Buch noch einmal zu lesen und die darin enthaltenen Informationen in einer neuen Verarbeitungstiefe zu erleben. Durch bewusstes Aussortieren bestimmter Informationsquellen können Sie die Kraft dazu bündeln und nutzen, in die Tiefe statt in die Breite zu gehen. Braucht ein 50-jähriger Ingenieur Facebook, Twitter & Co, um sich auf dem Laufenden zu halten, um gut im Beruf informiert zu sein? Könnte die alte Regel »So viel wie nötig, aber so wenig wie möglich« im Umgang mit digitalen Medien ein hilfreiches Prinzip sein? Könnte dieser Grundsatz helfen, offen und experimentierfreudig für neue Technologien und Medien zu bleiben, aber nicht zwanghaft jedes neue Verfahren zu nutzen, um dazuzugehören?

Gedanken jäten

»Du bist heute das, was du gestern gedacht hast.«
Martin Luther

Sie sammeln im Laufe des Lebens nicht nur Dinge, Informationen, sondern auch Ideen, Meinungen, Einstellungen und Gedanken. Der Speicher der Gedanken kann ebenso wie der Speicher des Hauses mit wertvollen Einzelstücken wie auch mit Sperrmüll gefüllt sein. Überflüssiger Tand und Trödel, manchmal sogar schädliche Altlasten mit toxischen Ausdünstungen in Form von Gedanken können die Sicht und auch den Zugang zum Nützlichen und Bereichernden versperren.

So schleppen Menschen oft jahrelang Gedanken in ihrem Seelenrucksack mit sich wie »Du darfst keine Fehler machen«, »Du musst perfekt sein«, »Alle müssen dich gut finden« oder familiär tradierte Überzeugungen wie »Disziplin ist alles« und »Ein Indianer kennt keinen Schmerz« bis hin zu firmenspezifischen Glaubensätzen wie beispielsweise »Wir lösen jedes Problem« und »Nichts ist unmöglich«. Zugegeben: Der Speicher unseres Gehirns für Gedanken und Einstellungen ist deutlich größer als jedes Büromöbel, und somit können wir fast unbegrenzt sammeln. Allerdings hat auch dieser Speicherplatz seinen Preis. Selbst Gedanken, die uns nicht bewusst sind, wirken wie ein Hintergrundprogramm Ihres PCs. Sie laufen immer mit und verändern Ihre Leistungsfähigkeit sowie Ihre Befindlichkeit; mal zum Guten, aber nicht selten zum Schlechten. Eine Kollegin von uns hat die Angewohnheit, sich bei der Frage nach ihrem Alter schätzen zu lassen. Wenn sie daraufhin so alt geschätzt wird, wie sie tatsächlich ist, ist sie irritiert bis gekränkt. Warum? Vielleicht weil sie denkt, sie müsse jünger aussehen, als sie ist? Warum klebt dieser Gedanke in so vielen Köpfen; und warum dürfen wir nicht so alt, so reif und so erfahren aussehen, wie wir tatsächlich sind?

Nicht nur hier, sondern auch an anderen Stellen kann eine Gedanken-Inventur hilfreich sein. Sind Ihre Gedanken und Einstellungen noch angemessen? Wirklich nützlich? Oder eher belastend und blockierend? Aus welcher Lebensphase, aus welcher Arbeitsphase stammen sie? Wer oder was hat diese Gedanken und Einstellungen geprägt, und sind sie im aktuellen Umfeld noch passend? So kann der Grundsatz »Ohne Fleiß kein Preis« zu Studienzeiten und in der frühen Berufsbiografie durchaus einen wichtigen Impuls gegeben haben. Im mittleren oder späteren Berufsleben könnte dagegen die Einsicht »mit Augenmaß zum Ziel« ressourcenschonender und auch effektiver sein.

Gedanken entwickeln sich ganz schnell zu Gewohnheiten, die nicht mehr hinterfragt werden. Erlebt man bestimmte Gedanken aktuell als erfolgreich, nimmt man sie häufig mit in die nächste Arbeits- und Lebensphase, ohne sie einer Tauglichkeitsprüfung zu unterziehen. So berichtet ein 45-jähriger Personalreferent von seiner Grundeinstellung, die er sich während seiner Bundeswehrzeit angeeignet hatte: »Was mich nicht tötet, macht mich nur härter.« Diesen Grundsatz habe er in seiner Ausbildungszeit bei der Bundeswehr und auch später in der Industrie als sehr unterstützend erlebt. Er habe damit viele Situationen durchgestanden in dem Bewusstsein, dass ihn widrige Umstände abhärten und er daran wachsen könne. Tatsächlich sei so seine Frustrationstoleranz gewachsen. Er habe manchen cholerischen Chef, manche Enttäuschung über nicht erhaltene, aber erwartete Gratifikationen gut überstanden. Warnsignale im Stress wie Verspannungen im Nacken, innere Unruhe und Magendrücken habe er versucht zu ignorieren. Das sei auch etliche Jahre ganz gut gegangen, aber nun nähmen diese Symptome überhand, und er frage sich, ob dieser Grundsatz ihm wirklich weiterhelfe. Im Laufe eines Stressbewältigungsseminars lernt er, dass der Gedanke zum »Härterwerden« für ihn ein großes Gesundheitsrisiko darstellt. Gleichzeitig verbaut er sich mit dem »Runterschlucken« des Ärgers die Chancen, sich für Verbesserungen der Arbeitsbeziehungen und -strukturen einzusetzen. Er habe das Gefühl, immer mehr die Freude an seiner Arbeit zu verlieren. Dies hat er aber bisher nur seinen zunehmenden körperlichen Problemen zugeordnet. Erst durch die Selbstreflexion wurde ihm klar, dass er mit seinem Gedankenballast die Grundlage dafür gelegt hatte, seine Körpersignale nicht zu beachten, und somit selbst zu seinem körperlichen Unwohlsein beigetragen hatte. Er entschied sich, den Gedanken »Was mich nicht tötet, macht mich nur härter« zum Müll zu tragen.

Aufgaben- und Tätigkeitsbereiche begrenzen

»Als ich ein junger Mann war, merkte ich,
dass von zehn Dingen, die ich tat, neun fehlschlugen.
Ich wollte kein Versager sein
und arbeitete zehnmal so viel.«

George Bernard Shaw

Im Laufe des Berufslebens erwerben Sie immer mehr Kompetenzen, teilweise durch Erfahrung, teilweise durch Wissenserwerb, durch Weiterqualifikation. Je mehr Sie wissen und können, desto mehr Aufgaben können Sie übernehmen, desto schneller können Sie auch arbeiten. Handlungsspielräume können sich erweitern, aber auch Aufgabenfelder wachsen nicht selten mit der Zunahme der Kompetenzen an. Hinzu kommt eine Arbeitsverdichtung in vielen Funktionen. Der Trend, dass immer weniger Personal immer mehr Aufgaben bewältigen soll, ist in vielen Branchen ungebrochen.

Was zu viel ist, ist zu viel

Wir hören viele Klagen darüber, erleben aber seitens der Arbeitnehmer wenig Widerstand dagegen. Die Mitarbeiter beschweren sich häufig hinter vorgehaltener Hand, alles sei zu viel, widersprechen aber nicht dem Vorgesetzten bei der nächsten zusätzlichen Aufgabe, die sie übernehmen sollen. Nachdem sie diese Aufgabe dann bewältigt haben, wundern sie sich darüber, dass der nächste Vorgang schon auf dem Tisch liegt. »Geht doch!« – warum sollten Arbeitgeber und Vorgesetzte sich zurücknehmen?

Bei der Frage nach dem »Was will ich nicht mehr tun?«, sollten Sie Qualität und Quantität der Tätigkeit berücksichtigen. Was ist definitiv zu viel und somit nicht machbar? Das sollten Sie unmissverständlich kommunizieren. Wenn es wirklich zu viel ist, wird es ja sowieso sichtbar, nur eben später. Dann ist es doch sinnvoller und energiesparender, dies von Anfang an klar und deutlich zu sagen.

Anders sieht es aus mit den Tätigkeiten, die Ihnen missfallen, nicht Ihren Präferenzen entsprechen, nerven, große Unlustgefühle machen. An dieser Stelle hören wir den Leser aufstöhnen: »Der Arbeitsplatz ist doch kein Wunschkonzert. Als ob ich dort nur machen könnte, was mir Spaß macht.« Nein, es gibt wohl kaum eine Arbeit, die nur Freude bereitet. Dennoch wird es gerade bei längerer Lebensarbeitszeit bedeutsam sein, dass die Betroffenen versuchen, den Anteil der Arbeit möglichst klein zu halten, der nicht ihren Präferenzen entspricht, um die überwiegende Zeit mit Tätigkeiten zu verbringen, die sie gerne tun. Ob das möglich ist, entscheidet sich zu einem gewissen Grad oft schon mit der Berufswahl; später dann mit der Wahl des Arbeitgebers, nicht selten aber auch mit der Gestaltung der eigenen Arbeitsprozesse, der Verteilung der Aufgaben im Team und nicht zuletzt auch der inneren Klarheit: Was will ich nicht mehr tun und welchen Preis bin ich dafür bereit zu zahlen?

So berichtete uns eine Mitarbeiterin einer Personalabteilung, wie schrecklich sie den Quartalsabschluss und die damit verbundenen Routinearbeiten erlebe: »Wenn ich nur an dieses Ausfüllen der Excel-Listen denke, bekomme ich schon Bauchweh. Das möchte ich nicht noch Jahre so weitermachen. Aber es gehört zu meinem Aufgabenbereich, und ich kann doch nicht einfach sagen, dass ich das nicht mehr will und dass mein Kollege diese monotone Arbeit übernehmen soll. Ich kann das nicht wegdelegieren.« Auf die Frage, welche Arbeiten sie in ihrem Aufgabenbereich denn besonders liebe, antwortete sie wie aus der Pistole geschossen: »Mitarbeitergespräche, Rückkehrgespräche nach längerer Krankheit, Organisation von Veranstaltungen.« Der Kommentar ihres Kollegen dazu: »Ich verstehe dich nicht. Diese Gespräche sind doch so viel anstrengender und unerfreulicher als unser Abschluss, und das Veranstaltungsmanagement birgt so viel Unvorhersehbares.«

Der Austausch der Kollegen über ihre Vorlieben und Abneigungen im Arbeitsalltag führte in diesem Fall dazu, dass die Mitarbeiterin einen Großteil des Abschlusses an ihren Kollegen weiterreichen konnte. Sie nahm ihm dafür ungeliebte Aufgaben aus seinem Bereich ab.

Nicht immer ist es möglich, alle unliebsamen Aufgaben zu

delegieren oder zu tauschen. Es wird wohl für jeden ein gewisser Anteil ungeliebter Tätigkeiten bleiben. Dennoch ist es lohnend, sich über die eigenen Präferenzen im Klaren zu sein und sie offen im Team zu kommunizieren, um nach (Teil-)Lösungen zu suchen. Könnte die Tätigkeit in den Lieblingsfeldern nicht der Schlüssel dazu sein, auch nach vielen Berufsjahren noch gerne und vielleicht sogar mit Leidenschaft zu arbeiten?

Auch private Tätigkeiten können den Arbeitsalltag beschweren

Manchmal wirken ungeliebte Tätigkeiten aus dem Privatleben bis ins Arbeitsleben hinein. Selbst dort, wo wir die Freiheiten hätten, solche Tätigkeiten zu »entsorgen«, fällt das manchmal schwer, wie das folgende Beispiel zeigt: In einem mehrteiligen Seminar berichtet eine 36-jährige Sachbearbeiterin, Frau M.: »Ich habe eine klar umschriebene Aufgabe in meinem Büro und fühle mich damit gut ausgelastet, aber keineswegs überfordert. Ich sehe alle meine Aufgaben als sinnvoll an und habe keinen Bedarf, bestimmte Tätigkeiten aufzugeben. Eigentlich wollte ich mich schon länger für die Weiterqualifizierung zum gehobenen Dienst bewerben. Irgendwie konnte ich mich aber nicht dazu aufraffen. Es gibt da allerdings etwas, das mich schon seit Jahren belastet und sich auch auf meine Arbeit niederschlägt. Ich koche seit vielen Jahren jeden Abend für meinen Mann und mich. Ich gehe täglich nach der Arbeit einkaufen und bereite alles frisch vor. Mein Mann lobt mich immer wieder für meine Kochkünste und die schönen Dekorationen. Eigentlich habe ich schon lange keine Lust mehr dazu; das Einkaufen und Kochen gehen mir zunehmend auf die Nerven. Manchmal sitze ich schon um 14 Uhr im Büro und stöhne innerlich, weil ich weiß, dass mein Einkauf um 16 Uhr bevorsteht. Manchmal ertappe ich mich dabei, dass ich während der Arbeit schon über den Einkauf nachdenke und dadurch gar nicht mehr konzentriert an meinen Aufgaben bleiben kann. Ich kann aber doch nicht einfach damit aufhören, nur weil es mir keinen Spaß mehr macht. Mir ist doch wichtig, dass es meinem Mann gut geht.«

Die übrigen Seminarteilnehmerinnen empfahlen Frau M., doch einen Kompromiss mit ihrem Mann zu finden und sich wenigstens an zwei Tagen eine Auszeit zu gönnen. Die Mitarbeiterin versprach, darüber nachzudenken.

Im zweiten Teil des Seminars berichteten die Teilnehmerinnen von ihren zwischenzeitlichen Erfahrungen mit der systemischen Müllabfuhr. Die Rückmeldung von Frau M. überraschte: »Ich wollte meinem Mann ganz vorsichtig beibringen, dass ich nur noch an drei Werktagen kochen werde. Bereits bei den ersten Sätzen sah ich einen zufriedenen Ausdruck in seinem Gesicht – mehr noch, er war geradezu erleichtert. Ich war völlig irritiert und fassungslos, als er mir sagte, dass ihm das mit dem regelmäßigen gemeinsamen Essen in den letzten Jahren einfach zu viel geworden sei. Aber er habe mich nicht kränken wollen, weil ich mir ja immer so viel Mühe mit dem Essen gegeben hatte. Er wolle jetzt mittags gerne in der Kantine essen und einmal in der Woche mit seinen Freunden beim Stammtisch etwas Warmes essen. Fazit: Ich koche die Woche über gar nicht mehr, und ich habe mich endlich für den Weiterbildungslehrgang zum gehobenen Dienst angemeldet.«

Es sind häufig banal erscheinende Tätigkeiten, die das Arbeitsleben wieder verbessern können – wenn sie erst einmal aufgegeben worden sind. Nicht immer fügt es sich so leicht wie im beschriebenen Fallbeispiel. Häufig ist das »Entmüllen« von Tätigkeiten mit einem Preis verbunden. Manchmal kostet es tatsächlich Geld, manchmal Sympathien und im Extremfall den Arbeitsplatz. Über viele Jahre oder gar Jahrzehnte das Leben mit unliebsamen oder gar verhassten Tätigkeiten zu füllen hat ebenso seinen Preis. Wählen Sie, welchen Preis Sie zahlen wollen.

Menschen »aussortieren«

»Die Hölle, das sind die anderen.«

Jean-Paul Sartre

Darf man die Metapher der systemischen Müllabfuhr auf Menschen anwenden? Dieses Sprachbild klingt doch ziemlich despektierlich, wenn man es auf Menschen anwendet, die einem privat oder beruflich das Leben erschweren oder – um mit Sartre zu sprechen – das Leben zur Hölle machen. Doch auch wenn sich ein kleiner Widerstand regt, möchten wir Ihnen eine Reflexion zur Distanzierung von Menschen empfehlen. Mit jedem Jahr des Lebens kann sich der Kreis der Menschen erweitern, mit denen Sie arbeiten und Ihre Freizeit verbringen. Hier gilt ebenso wie bei den Dingen, Informationen, Gedanken und Tätigkeiten: Manche Kontakte tun gut und bereichern das Leben; manche beschweren und belasten oder sind schlicht überflüssig.

Sie kennen vielleicht die Erfahrung: Sie kommen von einer privaten Einladung nach Hause und fragen sich: »Was war das jetzt?« Der Kontakt war weder anregend noch amüsant, die Gespräche waren nichtssagend oder gar langweilig. Im schlimmsten Fall fühlen Sie sich verärgert oder gekränkt. Nun wäre diese Erfahrung als Einzelfall nicht weiter schlimm, wenn Sie nicht wieder hingingen …

Manchmal pflegt man solche Einladungen aus Gewohnheit, aus gesellschaftlichen oder familiären Verpflichtungsgefühlen, man verspricht sich einen Vorteil aus der Bekanntschaft, oder man möchte vielleicht dem Partner einen Gefallen tun, der diese Kontakte anders erlebt und bewertet. Es erscheint im Privaten vergleichsweise einfach, sich von Menschen zu distanzieren oder auch zu trennen; aber dennoch fällt dies nicht immer leicht.

Distanz schaffen ist möglich

Deutlich schwerer wird die Distanzierung im Arbeitsleben. Was tun, wenn der Kollege, auf dessen Zuarbeit Sie angewiesen sind, für Sie ein rotes Tuch ist? Was tun, wenn Ihr Vorgesetzter respektlos und geringschätzend mit Ihnen umgeht, wenn Ihnen Menschen in Ihrem Projektteam unerträglich erscheinen? Vorab eine Einschätzung: Wirklich »toxische« Menschen gibt es relativ wenige. Mit toxisch meinen wir Menschen, die durch nichts und niemanden zur verbesserten Kooperation und Kommunikation zu bewegen sind. Häufig sind es aber nicht die Menschen, die schwierig sind, sondern es sind die Beziehungen zwischen den Menschen, die durch ungelöste Konflikte, unangemessene Kommunikation oder unterschiedliche Wertvorstellungen belastet sind. Wenn wir im Folgenden also von »Entmüllen« sprechen, so gehen wir davon aus, dass dies nur in wenigen Einzelfällen geschehen sollte, in denen trotz mehrfacher ernsthafter Versuche zur Konfliktlösung keine Aussicht auf Besserung besteht. Leider erleben wir immer wieder, dass Konflikte oft über lange Zeit nicht offen ausgetragen werden, unausgesprochen bleiben, sich über Jahre hinweg verhärten und dann ohne professionelle Begleitung nicht zu lösen sind. Auch eine professionelle Mediation am Arbeitsplatz hat ihre Grenzen und kann nicht immer jahrlange Kränkungen und Verletzungen heilen.

Nicht jede Beziehung kann verbessert werden, und manchmal wünschen die Beteiligten das auch gar nicht. Da hilft dann nur noch die Distanz oder gar die Trennung, ein Insolvenzverfahren der Arbeitsbeziehung.

Ja, und dann gibt es natürlich auch die – eher seltenen – pathologischen Persönlichkeiten, die ihre Neurosen am Arbeitsplatz ausleben und andere dabei beschädigen: den Narzissten, der jeden Teamerfolg als seinen alleinigen präsentiert, den Zwanghaften, der alles und jeden permanent kontrollieren muss, den Hysteriker, der seine Kollegen in Dauerstress versetzt … Das sind dann definitiv Fälle, in denen Geschäftsleitung und Führungskräfte gefordert sind, angemessene Konsequenzen zu ziehen. Natürlich haben Geschäftsführer, Führungskräfte und andere Entscheidungsträger im Unternehmen es leichter, sich von Menschen zu trennen, mit denen die Zusammenarbeit nicht mehr erträglich erscheint. Aber auch dort gibt es häufig Grenzen. Gerade in großen Unternehmen und in der öffentlichen Verwaltung sind vielen Führungskräften die Hände gebunden, wenn sie nicht arbeitsrechtlich relevante Verstöße dokumentieren können. Menschliches Fehlverhalten lässt sich nun einmal nicht immer in diesen rechtlichen Kategorien abbilden. Noch kleiner wird Ihr Handlungsspielraum natürlich, wenn Sie sich als Mitarbeiter von Kollegen oder gar Vorgesetzten distanzieren möchten.

Was können Sie tun?

Nach Prüfung und dem wirklich ernsthaften Versuch, die Beziehung zu normalisieren, klären Sie genau die absolut notwendigen Kontakte und Nahtstellen, die Ihre Arbeit erfordert. Machen Sie sich klar, dass eine Arbeitsbeziehung weder eine Freundschaft noch eine nette Bekanntschaft sein muss, und definieren Sie Ihre Arbeitsbeziehung möglichst genau. Kommunizieren Sie das offen und unmissverständlich. Reduzieren Sie den Kontakt auf das absolut notwendige Maß. Meiden Sie den Blickkontakt (das tun Sie wahrscheinlich schon automatisch), die körperliche Nähe, und meiden Sie vor allem auch das Gespräch mit anderen Kollegen, Vorgesetzten oder Freunden über Ihren »Feind«. Geben Sie ihm einfach so wenig Platz in Ihrem Leben wie möglich. Auch wenn die Verlockung vielleicht groß ist, sich an einer Debatte über das schlechte Benehmen oder die Unfähigkeit des Betroffenen zu beteiligen und eigene Erfahrungen dazu beizusteuern, so investieren Sie doch Ihre Zeit und Energie für das Gespräch über ihn. Sie geben ihm Raum in Ihrem Kopf und verleihen ihm somit Bedeutung.

Je länger Sie im Berufsleben stehen, desto mehr Geschichten über schwierige Menschen können Sie erzählen. Konflikte mit Kollegen gehören zum normalen Arbeitsalltag. Wenn diese Konflikte aber nicht aus eigener Kraft zu bewältigen sind, wenn daraus persönliche Kränkungen erwachsen und die Kränkung zur Krankheit mutiert, dann sollten Mitarbeiter in jeder Lebensphase und in jedem Arbeitskontext prüfen, ob die oben beschriebene Art der Distanzierung ausreicht. Oder ob es notwendig ist, Hilfe von Vorgesetzten, Personalabteilung oder auch externen Beratern einzufordern, um Leistungsfähigkeit, Gesundheit und Arbeitsmotivation aller Beteiligten zu erhalten.

Reflexion 5: Systemische Müllabfuhr

In welcher Kategorie möchte ich entsorgen?	Was, welche, wen?	Warum?	Bis wann?	Wer kann mir dabei helfen?
Dinge/Gegenstände Beruflich Privat				
Informationen Beruflich Privat				
Gedanken Beruflich Privat				
Tätigkeiten Beruflich Privat				
Menschen Beruflich Privat				

Ressourcenorientierung: Wie stärke ich meine Kräfte?

»Auf die Dauer der Zeit nimmt die Seele die Farbe der Gedanken an.«

Marc Aurel

Kennen Sie Kollegen oder auch Vorgesetzte, die bei allem, was passiert, immer das Haar in der Suppe finden? Oder gehören Sie selbst auch vielleicht zu denjenigen, die an sich beobachten können, wie sie in bestimmten Situationen oder sogar bei sich selbst tendenziell eher das Negative beziehungsweise die Gefahr sehen als die Chancen und Möglichkeiten? Der Betriebsausflug im Mai: »Da hat es die letzten Jahre so oft geregnet.« Die Zusammenlegung zweier Teams: »Das wird ein organisatorisches Fiasko.« Die Einführung einer neuen Computersoftware: »Oje, das dauert ewig, bis das läuft und bis ich mich da eingearbeitet habe.« Der Verkauf der Firma an einen ausländischen Investor: »Jetzt verlieren wir sicher alle unsere Arbeitsplätze.« Kann sein, dass diese Einschätzungen alle zutreffen; kann aber auch nicht sein: Die Sonne kann im Mai scheinen, die Zusammenlegung zweier Teams kann neue Kräfte freisetzen, die Einführung einer neuen Software kann zur Arbeitserleichterung führen. Ja, auch der neue Investor kann die Arbeitsbedingungen in der Firma verbessern. Welchen Vorteil hat es also, den ungünstigsten Verlauf vorwegzudenken? Eine ressourcenorientierte Denk- und Sprechweise zu wählen bedeutet selbstverständlich nicht, den Regenmantel für die Wanderung im Mai zu Hause zu lassen.

Defizitorientiertes Denken war in der Menschheitsgeschichte ein Überlebensvorteil

Dass wir alle mehr oder minder stark dazu neigen, eher das Defizit als die Ressource in einer Situation zu sehen, erklärt sich zum einen durch individuelle und soziale Lernprozesse. Es erklärt sich aber auch durch unsere Evolution. In der Frühzeit des Menschen war es von entscheidendem Vorteil, Bedrohungen und Risiken möglichst frühzeitig zu erkennen. Überlebt haben vor allem diejenigen, die besonders vorsichtig und schnell auf potenzielle Gefahren reagiert haben. Ein Geräusch im Gebüsch konnte Bedrohung durch ein Raubtier sein, die Früchte in eigenartiger Farbe konnten giftig sein, eine bestimmte Bewegung eines anderen Menschen oder auch eines Tieres konnte Angriff bedeuten, und ein unbekannter Geruch konnte darauf hinweisen, dass man das Wasser besser nicht trinken sollte. Selbst ein eigenartig gebogener Ast am Wegrand konnte beim flüchtigen Hinsehen als Schlange interpretiert werden. Das schnelle Davonlaufen oder auch das Draufhauen erwies sich als klarer Überlebensvorteil, auch wenn es manchmal eben nur ein Ast war. Aus evolutionärer Sicht war es auf jeden Fall klüger, einen Ast mit einer Schlange als eine Schlange mit einem Ast zu verwechseln. Überlebt haben also diejenigen, die in vielen Situationen eher die Gefahr, das Risiko und negative Konsequenzen gesehen haben. Diejenigen, die eher gelassen und entspannt die Blumen am Wegrand betrachteten und sich insgesamt mehr auf das Positive und Angenehme konzentrierten, hatten schlechte Karten, ihre Gene erfolgreich weiterzugeben; denn sie starben in der Regel früh. Wir alle dürften überwiegend die Nachkommen derer sein, die sich bei der Betrachtung ihres Alltags mehr auf die Gefahren und ungünstigen Einflüsse, also auf die Defizite konzentrierten. Diese Defizitorientierung ist genetisch wohl in uns allen noch teilweise verankert.

Entwarnung in der Arbeitswelt

Wir leben allerdings in einer Umwelt, in der die Gefahren seltener und deutlich geringer sind. In relativ harmlosen Situationen reagieren unsere Gehirne mit überdimensionierten Gefahrenmeldungen. Wenn Ihr Chef beispielsweise montagmorgens mit der Körperhaltung eines Orang-Utans und der Stimme eines gejagten Wolfs die Frühbesprechung leitet, haben Sie nicht dasselbe zu befürchten wie Ihre Urahnen, die Ähnliches sahen und hörten. Sie könnten jetzt Ihr »Gefahrennetzwerk« im Kopf aktivieren: Schultern hochziehen, Stimme senken oder völlig verstummen, Kampf- oder Schutzhaltung einnehmen. Sie verhalten sich dementsprechend aggressiv oder ziehen sich völlig zurück. Sie könnten sich aber genauso gut entspannt zurücklehnen und darüber nachdenken, wie unglücklich wohl das Wochenende Ihres Chefs verlaufen sein muss, um in eine solche körperliche und seelische Verfassung zu kommen – Sie aktivieren Ihre Ressourcen Gelassenheit und Mitgefühl. Weder die Körperhaltung noch die Stimme Ihres Chefs werden sich durch Ihre innere Haltung verändern – zumindest nicht so schnell. Was sich aber verändert, ist Ihre Befindlichkeit. Das lässt sich sogar messen. Diverse körperliche Parameter wie beispielsweise Muskelspannung, Blutdruck und verschiedene Hormone reagieren unmittelbar darauf, je nachdem, ob Sie sich auf eine potenzielle Gefahr konzentrieren (Angriff des Orang-Utans) oder ob Sie innere Ressourcen wie beispielsweise die der Gelassenheit aktivieren.

Falls Sie einen Vorgesetzten haben, der immer nur dann Rückmeldung gibt, wenn ein Fehler unterlaufen ist, aber nur selten oder gar nicht, wenn etwas gut gelaufen ist, dann sollten Sie ebenfalls daran denken, dass bei Ihrem Chef eventuell die defizitorientierten Netzwerke im Kopf einfach schneller reagieren als die ressourcenorientierten. Das wird insbesondere dann der Fall sein, wenn Ihr Vorgesetzter selbst unter Druck steht. Je mehr Stress ein Mensch erlebt, desto weniger wird er einen Blick für das Positive und das Schöne haben. Aber auch Mitarbeiter investieren teilweise viel Zeit in die Diskussion zum Beispiel über das Missmanagement der neuen Unternehmensleitung im Bereich A und übersehen dabei die entscheidenden Verbesserungen im Bereich B. Das Kantinenessen am Montag war wieder eine Katastrophe, die räumliche Neugestaltung der Kantine und die Verbesserung des Gesamtangebotes wird nach kurzer Zeit der Gewöhnung nicht mehr gewürdigt.

Dasselbe machen wir übrigens auch häufig in unserem Privatleben: Wir kritisieren Partner und Kinder für nicht erledigte Aufgaben und für Fehlverhalten viel mehr, als dass wir deren Stärken benennen. Oder wann haben Sie Ihrem Partner das letzte Mal gesagt, was Sie alles gut an ihm finden? Aber haben wir das nicht in der Schule so gelernt: Fehler wurden rot markiert, während es nur selten Lob für gute Leistungen gab? Können Sie sich daran erinnern, wie oft etwas Gutes grün, also positiv, hervorgehoben wurde? Was merkt sich das Gehirn am meisten? Natürlich das rot Unterstrichene, also den Fehler, das Defizit. Wie wäre es mit einer neuen Strategie in Schule, Ausbildung und Beruf, in erster Linie das Gelungene hervorzuheben und damit zu fördern, statt überwiegend die Fehler zu benennen?

Ressourcen entwickeln und pflegen

Es gibt viele Arten von Ressourcen: materielle, ökologische, biologische, soziale und psychologische. Eine materielle Ressource hat ihre Repräsentanz zum Beispiel in Gold oder Geld. Eine gute Arbeitsstelle und ein guter Vorgesetzter gehören zu den großen sozialen Ressourcen. Im menschlichen Denken, Fühlen und Handeln hat die Ressource ebenfalls eine Entsprechung. Sie ist als neuronales Netzwerk (viele Nervenzellen, die in einer komplexen Struktur miteinander verbunden sind) im Gehirn verankert. Ein solches organisches Muster bildet sich durch die Koppelung bestimmter Erlebnisinhalte aus. In diesen Netzwerken sind Erfahrungen vielfältig miteinander vernetzt, zum Beispiel sind Gefühle mit bestimmten Handlungen, Menschen oder auch Bilder mit bestimmten Gefühlen oder Bewertungen abgespeichert. Wenn Sie ein 400 Milliliter großes Bierglas mit 200 Millilitern Bier darin betrachten, können Sie grundsätzlich zwei unterschiedliche Netzwerke im Gehirn aktivieren: Netzwerk eins mit der Defizitorientierung »Das Glas ist halb leer« oder Netzwerk zwei mit der Ressourcenorientierung »Das Glas ist halb voll«. Welches Netzwerk Sie automatisch, also unwillkürlich nutzen, hängt vor allem davon ab, welches Sie öfter in Gebrauch haben. Diese Netzwerke verdichten und stärken sich wie ein Muskel, je nachdem wie häufig Sie sie benutzen. Das stärkere Netzwerk ist zumeist auch das schnellere. Jetzt ändert die Wahl Ihres Netzwerkes überhaupt nichts am Füllungsgrad des Bierglases, aber es ändert viel in Ihrem Erleben und auch in Ihrem Organismus.

> Ressourcenorientierung bezeichnet hier die Fokussierung auf vorhandene Stärken und Fähigkeiten im Denken, Fühlen und Handeln.

Die Geschichte einer älteren Führungskraft im Gespräch mit einem jungen Kollegen veranschaulicht die Entstehung stabiler ressourcenorientierter Netzwerke: Ein junger Kollege fragt die ältere, sehr erfolgreiche Führungskraft: »Wie ist es Ihnen gelungen, über so viele Jahre so erfolgreich die Abteilung und ihre Mitarbeiter zu führen?« Der Ältere schweigt einige Zeit und dann sagt er: »Ach wissen Sie, in jeder Führungskraft kämpfen immer zwei Wölfe. Der eine ist dominant, autoritär, aggressiv, ungeduldig und nachtragend. Der andere ist kooperativ, einfühlsam, den Menschen zugewandt und selbstkritisch.« Daraufhin der junge Kollege: »Und welcher gewinnt?« Die Führungskraft: »Der Wolf, den Sie mehr füttern.«

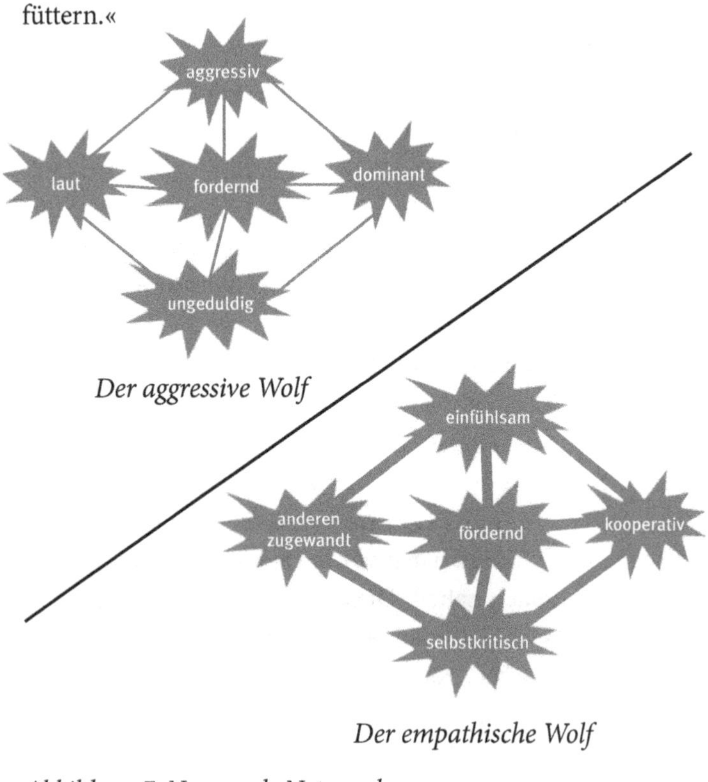

Abbildung 7: Neuronale Netzwerke

Ressourcen durch häufigen Gebrauch verdichten

Dasselbe gilt für alle anderen neuronalen Ressourcen, die Sie in Ihrem Gehirn angelegt haben. Zum Beispiel: Sprachkenntnisse, Prozesswissen in bestimmten Arbeitsfeldern, aber auch soziale Fähigkeiten wie Empathie, Freundlichkeit, Kommunikationskompetenzen, Konfliktlösefähigkeit oder Humor. Alles dies liegt in Mustern in Ihrem Gehirn vor. Die entscheidende Frage ist nun, wie viel konzentrieren Sie sich auf Ihre Kompetenzen, Ressourcen, und wie viel beschäftigen Sie sich mit Ihren Defiziten? Jedes Abrufen von vorhandenen Ressourcen stärkt die Ressourcen (das neuronale Netzwerk verdichtet sich) und jede Beschäftigung mit den Defiziten kann bewirken, dass sich die Defizite verstärken. Wenn Sie sich also dauernd vergegenwärtigen, was Sie alles nicht können, welche Fähigkeiten Sie nicht haben, was die anderen besser können als Sie, was in Ihrer Berufsbiografie alles schiefgelaufen ist, dann kann das die defizitorientierten Netzwerke stärken.

Entscheiden Sie also selbst: Wenn Sie im Laufe der Jahre Ihre Ressourcen weiterentwickeln wollen, dann sollten Sie Ihre Energie überwiegend in sie investieren. Die Schamanen beschreiben mit dem Spruch »Energy flows where attention goes« (Die Energie fließt dorthin, wohin sich die Aufmerksamkeit richtet), wie sich Denken, Fühlen, Handeln, ja auch Körperprozesse verändern, je nachdem worauf Sie Ihre Aufmerksamkeit richten.

Ressourcen bekommen Sie nicht zum 50. Geburtstag geschenkt

Für die Entwicklung dieser Ressourcen kann jeder Einzelne etwas tun. Trotz genetischer Programmierung, unsere Aufmerksamkeit mehr auf die Defizite zu lenken, können Sie Ressourcenorientierung lernen. Beginnen Sie beispielsweise damit, Ihre Sprache zu entrümpeln, indem Sie defizitorientierte Begriffe hinterfragen und sie gegebenenfalls durch ressourcenorientierte Begriffe ersetzen. Dann wird aus »ängstlich« vielleicht ein »vorsichtig«, aus »nicht schlecht« wird »gut« oder zumindest »zufriedenstellend«, aus »altern« wird »reifen« oder »sich entwickeln«. Je nach Kontext gibt es unzählige Möglichkeiten, die ressourcenorientierte Seite zu entdecken. Statt zu sagen: »Meine letzte Präsentation war schlecht«, könnte die zukünftige Formulierung lauten: »Meine Präsentation ist an den Punkten X und Y verbesserungsfähig.« Statt sich selbst herabzuwürdigen mit der Formulierung: »Das habe ich noch nicht geschafft«, könnten Sie

Test: Wie wirken defizitorientierte Worte auf Sie?

Wie defizitorientierte Worte auf den Körper wirken, können Sie im Selbstversuch testen.

- Lesen Sie bitte laut mehrmals hintereinander: angespannt, müde, fühle mich unter Druck, bin gestresst, bin völlig zerschlagen, kraftlos, platt.
- Nach mehrmaligen Lesen spüren Sie bitte nach: Welchen Körperimpuls spüren Sie? Möchte sich Ihr Körper dabei eher aufrichten oder eher zusammenziehen? Ist Ihre Atmung eher tief und weit oder eher flach und kurz?

sagen: »Ich bin noch mitten in der Arbeit« oder: »Ich benötige noch zwei Stunden.« Ebenso können Sie Ihrer Familie nach einem anstrengenden Arbeitstag mehrfach berichten: »Ich bin völlig fertig«, oder Sie wählen die Variante: »Ich brauche jetzt eine Stunde Zeit für mich in Ruhe.«

Selbstverständlich ist es leichter, die defizitorientierten Formulierungen zu wählen. Um dieselbe Situation ressourcenorientiert zu beschreiben, müssen Sie nachdenken: Was brauche ich, um einen nicht gewünschten Zustand zu beenden oder zu verändern? Dabei handelt es sich keineswegs nur um eine Sprachspielerei, sondern die Wahl der Worte bestimmt Ihre körperliche und seelische Befindlichkeit und kann auch wesentliche Verhaltensimpulse geben. Die Worte, die Sie denken und sprechen, haben Macht sowohl auf den eigenen Körper als auch auf die Reaktionsweisen Ihrer Umwelt. Je stärker Sie auf Defizite fokussiert sind, desto eher werden Sie den Impuls spüren, sich »klein zu machen«: Die Muskeln verkürzen sich, die Wirbelsäule krümmt sich, die Atmung wird flacher. Je stärker Sie Ihre Gedanken auf Ressourcen lenken, desto eher werden Sie Ihren Rücken aufrichten, desto freier wird Ihre Atmung, Ihre Muskeln entspannen sich, und desto leichter werden Ihre Bewegungen. Das kann man Menschen schon am Gangbild ansehen: Ihnen geht es gut und sie gehen so, wie es ihnen geht.

Eigenlob stärkt

Eine weitere Möglichkeit, das ressourcenorientierte Denken, Fühlen und Handeln zu trainieren, bietet die folgende Übung:

Übung: Ressourcenorientiertes Denken, Handeln, Fühlen fördern

Erinnern Sie sich an eine Situation aus Ihrer beruflichen Biografie, bei deren Bewältigung Sie mit sich zufrieden waren. Das kann eine Kleinigkeit oder auch ein bedeutsamer Beitrag zu einem Arbeitsergebnis gewesen sein. Wichtig dabei ist lediglich, dass Sie selbst einen Anteil zum Gelingen geleistet haben.
Aktivieren Sie die Erinnerung an diese Situation, schreiben Sie sie nieder und stellen Sie sich danach folgende Fragen: »Was war mein Anteil am Erfolg in dieser Situation? Wie ist mir das alles gelungen? Was genau habe ich zum Gelingen beigetragen? Was würde ich genauso wieder tun oder sogar jemand anderem empfehlen, es ebenso zu tun? Was waren meine Stärken in dieser Situation?«
Nun notieren Sie sich all die Fähigkeiten und Talente, die Sie in dieser Situation gezeigt haben.

Vielleicht waren Sie einfühlsam, hilfsbereit, engagiert, respektvoll, kreativ, mutig, aufmerksam, zuverlässig … Die Talente und Fähigkeiten, die Sie in dieser Situation gezeigt haben, gehören zu Ihren ganz persönlichen Ressourcen. Wenn Sie sie in dieser erinnerten Situation abrufen konnten, können Sie sie grundsätzlich immer wieder aktivieren und auf andere Situationen übertragen. Noch intensiver wird diese Übung wirken, wenn Sie Ihr Erfolgserlebnis ein oder zwei Freunden oder vertrauten Kollegen erzählen. Danach sollen Ihre Zuhörer rückmelden, welche besonderen Qualitäten sie bei Ihnen in dieser Situation beobachtet haben. Ihre Ressourcenorientierung wird sich auch verstärken, wenn Sie die besonderen Qualitäten Ihrer Freunde oder Kollegen bei deren Schilderung beobachten und rückmelden. Je häufiger Sie sich mit diesen »Kernqualitäten« beschäftigen, desto größer wird die Wahrscheinlichkeit, dass Sie sie auch tatsächlich einsetzen. Die deutsche Redensart »Eigenlob stinkt« ist für die Entwicklung der eigenen Ressourcen hinderlich. Es geht nicht darum, übermütig oder gar arrogant die eigenen Stärken zur Schau zu stellen, sondern vielmehr darum, sich im vertrauensvollen Kontakt mit anderen der eigenen Stärken bewusst zu werden, sie zu verbalisieren und sie dadurch zu stärken.

Älterwerden in der ressourcenorientierten Perspektive

Leider ist das Älterwerden in unserer Gesellschaft immer noch mit einer defizitorientierten Denkweise verbunden. Viel zu häufig klagen viele über die körperlichen Einbußen, anstatt sich auf die Eigenschaften zu konzentrieren, die im Laufe der Jahre erst richtig zur Entfaltung kommen können. Ältere Arbeitnehmer haben mit Vorurteilen zu kämpfen, nicht selten sogar mit ihren eigenen. Keine Frage, im Laufe der Jahre nehmen die biologischen Ressourcen ab. Wir haben aber die Möglichkeit, emotionale, mentale und verhaltensbezogene Ressourcen aufzubauen und im Laufe der Jahre immer weiterzuentwickeln. Erfolgreich älter werden im Beruf bedeutet einerseits, Respekt vor der Verminderung der biologischen Leistungsfähigkeit zu haben, und andererseits, Achtsamkeit und Kraft in die Pflege vorhandener Ressourcen zu investieren und sie auszubauen.

Alternative Muster entwickeln

Manche Menschen beschränken sich – zumeist unbewusst – lediglich auf einige wenige Muster und bilden sie im Laufe der Zeit immer stärker aus. Die häufig eingesetzten Denk- und Verhaltensweisen verdichten sich und spitzen sich zu: Der Laute wird noch lauter, der Leise wird noch leiser. Die weniger genutzten Muster dünnen sich aus und erscheinen dann immer seltener.

Neben der Pflege der vorhandenen ressourcenorientierten Muster ist die »Neuanlage« alternativer positiver Denk- und Verhaltensmuster daher eine wichtige Strategie, um das Älterwerden erfolgreich zu gestalten.

Gelingendes Älterwerden im Beruf könnte somit auch bedeuten, eine bunte Vielfalt von Verhaltens- und Denkmustern zu entwickeln und zu pflegen. Je nach Anlass können Sie dann aus dieser Mustervielfalt auswählen und bewusst jene einsetzen, die der jeweiligen Situation und Anforderung nach Anlass angemessen erscheinen – mal laut und mal leise, mal engagiert, mal distanziert; mal integrierend und auch mal abgrenzend …

Eine reife Leistung, wenn das gelingt!

Ressourcen in vier Lebensbereichen verteilen

Was macht Ihre Lebensqualität in Ihrer aktuellen Lebensphase aus? Aus welchen Bereichen schöpfen Sie Ihre Kraft und in welche Bereiche investieren Sie Ihre Energien? Ein bekannter Vertreter der positiven Psychologie, Nossrat Peseschkian[31], gibt Ihnen mit seinem Modell der vier Lebensqualitäten ein einfaches und hilfreiches Ordnungssystem, mit dessen Hilfe Sie reflektieren können, wie verschiedene

Lebensbereiche und die damit verbundenen Ressourcen für Sie aktuell zueinander in Balance stehen.

Als grundlegende Dimensionen beschreibt er erstens den Körper, zweitens die Arbeit und die Leistung, drittens Soziales und Kontakte sowie viertens Kreativität und Spiritualität. Jeder Mensch kann unterschiedlich viel Energie in die jeweiligen Bereiche investieren. Die Verteilung der Energie in die vier Dimensionen kann entweder zu einer guten Balance im Leben und damit zur Zufriedenheit führen, oder aber sie kann krank machen, im schlimmsten Fall sogar das Leben ruinieren.

In Abbildung 8 sehen Sie eine idealtypische Verteilung, die es so im realen Leben natürlich niemals gibt: Ein Mensch verteilt seine Energien gleichermaßen auf seinen Körper (Körperpflege, gesundheitsorientierte Maßnahmen, Sport,

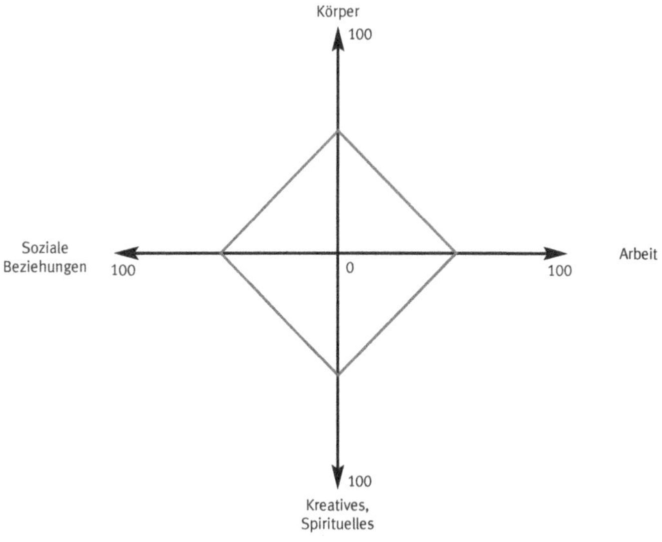

Abbildung 8: Vier Lebensqualitäten (in Anlehnung an Peseschkian, 2009)

Ernährung, Schlaf), seine Arbeit (Beruf, Leistung, Erfolg), seine sozialen Beziehungen (Partnerschaft, Familie, Freundeskreis, Vereinsleben, Geselligkeit) und auf kreative oder spirituelle Tätigkeiten (Beschäftigung mit der Zukunft, Religiosität, Fragen nach Sinn, Kunst).

In Abbildung 9 sehen Sie das Profil eines leitenden Angestellten, 45 Jahre. Wir nennen diese Verteilung in den vier Dimensionen »Drachenprofil«, denn es sieht aus wie ein Drachen und verschlingt wie ein solcher nicht selten das gute Leben. Es ist charakteristisch für viele Mitarbeiter, die erfolgreich gute Stellen besetzen: Auffällig ist die starke Orientierung in Richtung Arbeit und Leistung. Der Alltag dieser Menschen ist dominiert vom Arbeitszeitvolumen; häufig arbeiten sie deutlich mehr als acht Stunden. Charakteristisch ist, dass diese Menschen auch nach ihrer Arbeit gedanklich immer noch darinstecken. Sie sind physisch zwar bei ihren Familien oder Freunden, aber im Kopf sind sie häufig auch am Abend oder an den Wochenenden im Arbeitsmodus. Diese Menschen sind immer bereit, einen Blick aufs Handy zu werfen und auch berufliche E-Mails in der Freizeit zu bearbeiten. Sie sprechen in der Familie und bei Freunden gerne über ihre Arbeit und übertragen den Leistungsgedanken vom Beruf auch häufig ins Private. Bei sehr starker Ausprägung in dieser Dimension finden wir nicht selten Mitarbeiter, die abends oder gar nachts nicht mehr zur Ruhe finden, die vorzugsweise am Wochenende oder im Urlaub krank werden; sie haben Schlafstörungen und ihr Leben fokussiert hauptsächlich auf die Arbeit. Folgerichtig ist die Dimension Körper eher schwach ausgeprägt. Natürlich pflegen solche Menschen ihren Körper, manchmal treiben sie auch noch etwas Sport – allerdings mehr unter dem Gedanken »Ich muss etwas tun, damit ich leistungsfähig bleibe«, als unter dem Aspekt der Lust und des körperlichen Wohlfühlens. Entspannungs- und körperliche Verwöhnzeiten – Fehlanzeige. Eine schwache Ausprägung findet man ebenso im Bereich Soziales. Während der Woche sind diese Menschen abends meistens k. o., da sie ihre Energiereserven bereits bei der Arbeit völlig verbraucht haben. Sie haben weder Lust noch Kraft, sich sozial zu engagieren oder Freundschaften zu pflegen. Nicht selten sind die wenigen sozialen Kontakte, die verblieben sind, dann auch noch beruflich motiviert. Bei Männern, die dieses Profil zeigen, sind es häufig die Ehefrauen, die den Kontakt zur Außenwelt mit Einladungen und Veranstaltungen aufrechterhalten. Die vierte Dimension, Kreativität und Spiritualität, benötigt viel mentale Energie. Hier finden wir im klassischen Fall des Drachenmodells die geringsten Ausprägungsgrade.

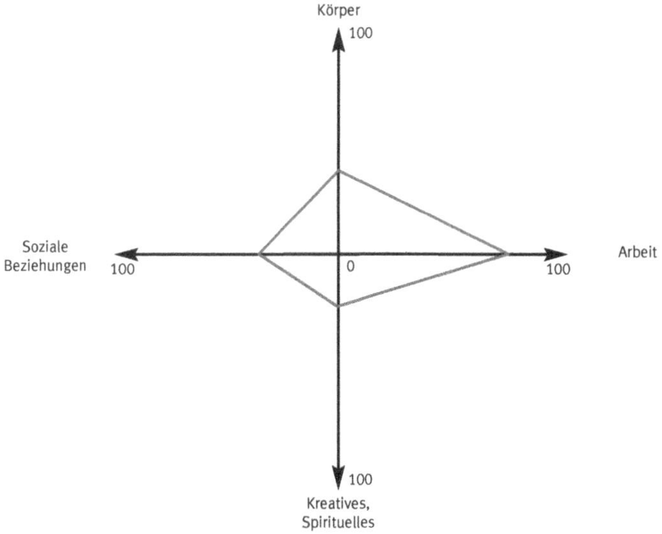

Abbildung 9: Vier Lebensqualitäten – Das »Drachenprofil« eines leitenden Angestellten

Es ist selbstverständlich nicht möglich, ein solches Modell quantitativ zu erfassen. Auch wenn wir die Idealform mit einem virtuellen Wert von 50 von maximal 100 möglichen Punkten in jeder Dimension gezeichnet haben, so ist es doch selbstverständlich, dass jeder Mensch für sich entscheiden muss, welchen Bedarf er in der aktuellen Lebenssituation für sich sieht. Ebenso selbstverständlich ist, dass es Lebens- und Arbeitsphasen gibt, die zeitweise eine besondere Energieverteilung fordern – was vorübergehend zu einem Ungleichgewicht führen muss. Ein zweites Beispiel zeigt Abbildung 10. Hier sehen Sie das Profil eines 18-jährigen jungen Mannes ein halbes Jahr vor dem Abitur: Arbeit und Leistung spielen für ihn (noch) eine untergeordnete Rolle. »Chillen« ist angesagt. Der Körper hilft hier mehr in der Identitätsbildung als jede Form der Arbeit. Körperpflege, Haarstyling, Bodybuil-

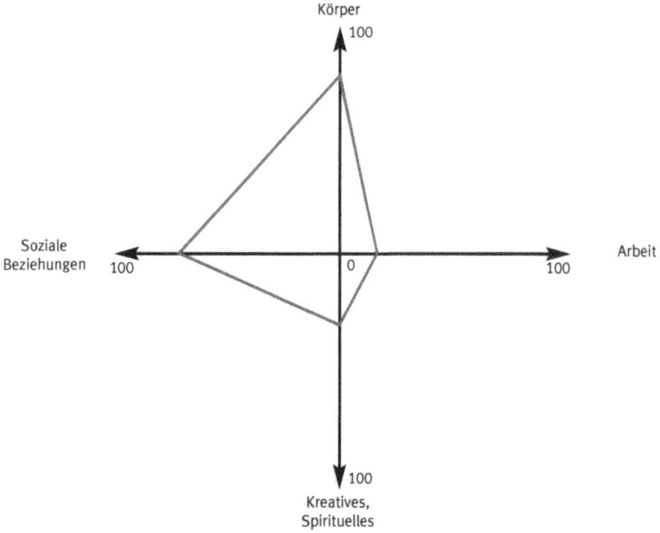

Abbildung 10: Vier Lebensqualitäten – Profil eines jungen Mannes

ding und angesagte Klamotten sind wichtig. Am wichtigsten aber sind die Freunde, die Clique und die gemeinsamen Unternehmungen. Dafür kann alles andere warten. Musik hören und Gitarre spielen gibt der Dimension Kreativität einen kleinen Ausschlag nach unten. Für einen jungen Menschen ist ein solches Profil kurzfristig verstehbar und auch akzeptabel. Sollte sich dieses Profil allerdings zur Gewohnheit entwickeln, dürfte der junge Mann im Leben wohl kaum Erfolg haben.

Beide Profile zeigen beispielhaft, dass in unterschiedlichen Entwicklungs- und Lebensphasen bestimmte Werthaltungen zur Überbetonung oder auch Vernachlässigung einzelner Lebensbereiche führen können.

Die Beschäftigung mit den Ausprägungen dieser vier Dimensionen kann helfen, den Ist-Zustand sowie den gewünschten Soll-Zustand zu bestimmen. Sie kann dabei auch schmerzlich bewusst machen, wie wir uns manchmal in den einen oder anderen Lebensbereich flüchten in dem – natürlich erfolglosen – Versuch, dadurch innere Konflikte zu bewältigen. Zu viel an Konzentration auf den Körper kann in die Hypochondrie, in Essstörungen oder in zwanghafte Selbstoptimierung des Körpers führen. Keinen Abend mit sich alleine verbringen zu wollen, jeden Tag eine private Verabredung haben zu müssen, dürfte ebenso eine Flucht vor der Beschäftigung mit sich selbst darstellen wie die zunehmende Arbeits- und Leistungsorientierung, die einen Tag auf dem Sofa als verschenkten Tag stigmatisiert. Die Überbetonung von Spiritualität kann im Extremfall Menschen in den religiösen Fanatismus oder in die Fänge von Sekten treiben.

Reflexion 6: Vier Lebensqualitäten

- Wie setze ich aktuell meine Energien ein?
- Entspricht dieses Profil meinem Bedarf?
- Welche Ressourcen in welcher der vier Dimensionen Körper, soziale Beziehungen, Kreatives und Spirtuelles, Arbeit möchte ich künftig mehr stärken?
- Auf welcher Achse möchte ich mich in welcher Richtung bewegen?
- Was kann ich konkret dazu tun?

Vier Arbeitsqualitäten ausbalancieren

Auch im Arbeitsleben können Sie Qualitäten und Ressourcen auf vier unterschiedlichen Ebenen analysieren und für sich bewerten. Arbeitsergebnisse, -prozesse, -organisation und -beziehungen bestimmen in unterschiedlicher Ausprägung Ihre erlebte Arbeitsqualität.

1. Die **Arbeitsergebnisse** beziehen sich auf die Herstellung von Produkten oder das Resulat von Dienstleistungen. Ist es für Sie (und Ihre Kunden) zufriedenstellend und sinnhaft? Finden Sie sich mit Ihren Wertvorstellungen in diesen von Ihnen produzierten Ergebnissen wieder? Werden Sie für Ihre Arbeit angemessen bezahlt?
2. Wie erleben Sie die **Arbeitsprozesse**? Können Sie die Arbeit in der vorgegebenen Zeit leisten? Sind Sie über- oder gar unterfordert, quantitativ und qualitativ? Haben Sie Gestaltungsspielräume? Sind Sie mit den Arbeitsabläufen zufrieden?
3. Die **Arbeitsbeziehungen** umfassen die erlebte Wertschätzung und Anerkennung von Vorgesetzten sowie die sozi-

ale Unterstützung und Interaktion mit Kollegen, Kunden, Klienten. Gibt es ein »gutes Miteinander«?
4. Ermöglicht die **Arbeitsorganisation** für Sie einen guten Rhythmus, körperlich wie seelisch? Können Sie bei Bedarf konzentriert und ohne Unterbrechungen an einem Vorgang bleiben? Zur Arbeitsorganisation gehören neben ergonomischen Aspekten auch alle Regelungen und Verhaltensweisen zur zeitlichen Organisation: Tages-, Wochen-, Jahresarbeitszeiten, Pausenverhalten, Urlaubsplanungen, Vertretungspläne …

Ebenso wenig wie das Modell der vier Lebensqualitäten lassen sich natürlich die vier Arbeitsqualitäten in Form von Zahlen ausdrücken. Je nach Persönlichkeit und äußeren Umständen wird der Mensch in bestimmten Zeiten einmal mehr Wert auf die eine oder andere Dimension legen. Die langfristige Vernachlässigung einer dieser Dimensionen dürfte zu Unzufriedenheit und Demotivation am Arbeitsplatz führen. Daher lohnt sich ein Blick auf die vier Dimensionen und eine Einschätzung zur erlebten Zufriedenheit in der jeweiligen Richtung. In jeder der vier Dimensionen sind Anteile enthalten, die sowohl unter dem Einfluss eines jeden Einzelnen stehen, als auch solche, die durch die Rahmenbedingungen vorgegeben und damit nicht veränderbar sind. Statt an dieser Stelle über die unveränderbaren Anteile zu klagen, kann jeder seinen Einflussbereich prüfen und für Verbesserungen sorgen.

Ein Beispiel in der Dimension Arbeitsbeziehungen: Leiden Sie vielleicht unter der mangelnden Anerkennung und Wertschätzung Ihres Vorgesetzten, so können Sie einerseits freundlich und hartnäckig immer wieder das Feedback Ihres Chefs einfordern, andererseits könnten Sie mehr Energie in die kollegialen Beziehungen investieren, um die Arbeitsatmosphäre

Reflexion 7: Vier Arbeitsqualitäten

Bewerten Sie Ihren persönlichen Zufriedenheitsgrad mit den Ressourcen in den vier Arbeitsqualitäten.

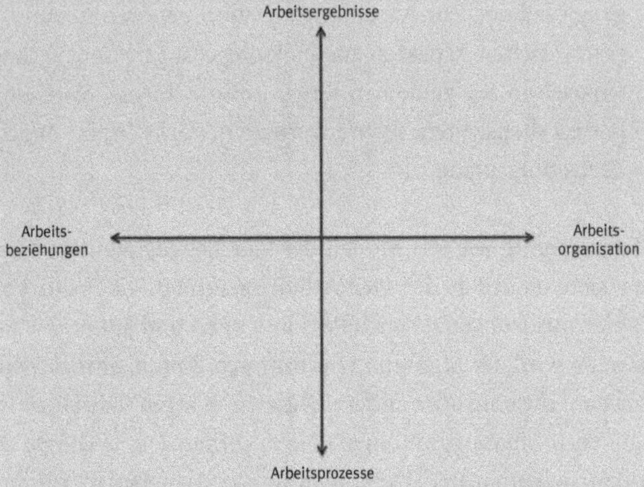

In welchem der vier Bereiche liegen Ihre größten Ressourcen? In welche Dimension möchten Sie mehr Energie investieren und was können Sie konkret dazu tun?

insgesamt zu verbessern. Oder Sie wagen das Experiment, Ihrem Chef öfter ein positives Feedback zu geben oder ihm gegenüber ein Lob auszusprechen? Was könnte passieren?
Ressourcenorientierung ist eine innere Grundhaltung, die in allen Lebensbereichen förderlich sein kann. Die Einsicht alleine, dass diese Orientierung hilfreich ist, reicht nicht aus, um sie zu praktizieren. Es bedarf der Achtsamkeit und des Trainings, damit sich diese Haltung entwickeln kann und Teil der Persönlichkeit wird.

Zeit: Wie viel Aufmerksamkeit schenke ich ihr?

»Man verliert am meisten Zeit damit, dass man Zeit gewinnen will.«
John Steinbeck

Zeit ist der Fluss, in dem das (Arbeits-)Leben fließt. Er fließt von der Quelle zur Mündung: Mal zügig, mal wild und reißend, mal gemächlich plätschernd, und manchmal wirkt er auch fast wie ein stehendes Gewässer, aber er fließt, unaufhaltsam. In diesem Fluss befinden wir uns alle. Er nimmt uns mit in seinem Lauf, wir können nicht aussteigen, aber wir können entscheiden, wie wir uns in seinem Wasser bewegen. Ob wir uns treiben lassen, zügig im Strom schwimmen, wild und verzweifelt um uns schlagen, ob wir gegen den natürlichen Lauf des Wassers kämpfen oder die jeweilige Strömung für uns nutzen.

Paradox: Wir haben so viel Lebenszeit zur Verfügung wie keine Generation vor uns. In den letzten hundert Jahren hat sich unsere Lebenserwartung – unsere Zeit – fast verdoppelt. Und noch nie hatten wir mehr Freizeit. Das Statistische Bundesamt berechnet, dass der Deutsche durchschnittlich 42 Stunden freie Zeit wöchentlich nutzen kann. Wir haben mehr Urlaub als die Generationen vor uns und bald auch eine längere Lebensarbeitszeit. Und doch klagen immer mehr Menschen über Zeitnot und das Gefühl, nicht all das tun zu können, was sie sich vorgenommen haben oder was sie glauben, tun zu müssen. Sie fühlen sich unter Druck, gestresst und suchen nach Lösungen, um »Zeit zu sparen«. Es kann bei diesem Gefühl also nicht um die objektiv messbare und damit physikalische Zeit gehen, sondern vielmehr um die subjektiv erlebte, um die psychologische Zeit. Die objektive Zeit ist nicht veränderbar, nicht vermehrbar. Und sie ist gerecht verteilt. Jeder von uns hat 24 Stunden am Tag, 7 Tage die Woche und 365 Tage im Jahr. Sie können diese Zeit nicht sparen, vermehren, besitzen, haben, festhalten oder verschleudern. Wenn wir uns mit unserem Älterwerden im Beruf beschäftigen, dann sollten wir uns auch mit unserem Zeiterleben beschäftigen. Denn die Qualität dieses Älterwerdens ist doch nichts anderes als die Qualität der »Schwimmbewegung« im Zeitfluss.

Weder Zeitmanagement noch Entschleunigung bringen die (Er-)Lösung

Zunehmende Arbeitsverdichtung, hohe Komplexität und immer kürzere Zeitzyklen kennzeichnen den Arbeitsalltag vieler Arbeitnehmer und Arbeitgeber. Verständlich, wenn Bücher und Seminare zum Zeitmanagement reißenden Absatz finden in der Vorstellung, es gebe dort ein »Instrument«, mit dem die Zeit besser in den Griff zu bekommen sei – ähnlich einem Schwimmring, der hilft im Fluss nicht unterzugehen. Und in der Tat, es gibt sie: gute Gedankenmodelle, die helfen könnten die Stromschnellen im Fluss doch besser zu meistern. Man kann lernen, Tage und Wochen besser zu strukturieren, indem man Prioritäten setzt: Was muss heute oder in dieser Woche erledigt werden, damit ich mit mir zufrieden bin? Man kann lernen – zumindest phasenweise –, Störungen zu reduzieren, indem man für eine Stunde am Arbeitstag Handy und E-Mail abschaltet, um sich einem wichtigen Vorgang konzentriert zu widmen. Es ist möglich, Zeitfresser wie beispielsweise den eigenen Perfektionismus oder die Ablenkbarkeit zu identifizieren und in Schach zu halten. Es kann gelingen, Dringendes von nicht Dringendem und Wichtiges von nicht Wichtigem sowie Wichtiges von Dringendem zu unterscheiden und zu erkennen, dass häufig die wichtigsten Dinge im Leben eben nicht dringend sind und daher nur allzu oft auf der Strecke bleiben. Sie können Kalender und Funktionen in Outlook so nutzen, dass sie Sie dabei unterstützen, sich geschmeidiger durch den Tag zu bewegen. Mit dem Pareto Prinzip zum Beispiel erfahren Sie, dass Sie bei bestimmten Arbeiten in 20 Prozent der Zeit 80 Prozent der Ergebnisse erreichen können, und Sie noch einmal 80 Prozent Zeit für die restlichen 20 Prozent der Ergebnisse investieren müssten, wenn Sie es denn wirklich wollten. Viele dieser Gedankenmodelle sind nicht uninteressant und können vereinzelt Entlastung bringen. Eines können sie alle aber sicher nicht: Wenn Sie sich zu viel aufladen, dann helfen auch diese Instrumente nicht weiter.

Und diese Strategien haben noch einen Haken: Wenn Ihr Organismus unter Stress gerät, dann kann er nur sehr schlecht bis gar nicht auf diese vernünftigen Strategien zurückgreifen. Unter Stress übernehmen die emotionalen Zentren im Gehirn die Kommandobrücke, die Vernunft wird unter Deck gesperrt – und damit auch die gelernten Zeitmanagementstrategien. »Wir sind nicht gestresst, weil wir keine Zeit haben. Sondern wir haben keine Zeit, weil wir gestresst sind«, so lautet die richtige Schlussfolgerung des Wissenschaftsjournalisten Stefan Klein.[32]

Stress verstehen und bewältigen

Stress ist primär ein psychologischer Bewertungsprozess. Man könnte auch sagen, er ist ein Theaterskript und der Körper ist die Bühne, auf dem dieses Stück gespielt wird. Ein Beispiel: Es ist kurz vor Feierabend. Sie haben für diesen Abend als Elternsprecherin zu einer Elternversammlung wegen eines Problems mit dem Klassenlehrer eingeladen. Ihr Chef kommt aufgeregt zu Ihnen und überträgt Ihnen noch eine eilige und wichtige Aufgabe: »Es ist wirklich sehr wichtig und ich weiß ja, dass ich mich immer auf Sie verlassen kann.« Das Ergebnis möchte er morgen früh als Erstes auf dem Tisch haben. Sie wissen genau, dass Sie dies in der verbleibenden Zeit nicht zufriedenstellend bearbeiten können. Sie wollen den Chef, der große Stücke auf Sie hält, nicht enttäuschen, und Sie wollen Ihrer Funktion als Elternsprecherin gerecht werden, in die Sie erst vor sechs Wochen mit knapper Mehrheit gewählt worden sind. Jetzt beginnt das Theaterstück auf körperlicher Ebene.

1. Akt: Stresshormone werden ausgeschüttet.

2. Akt: Der Blutdruck steigt, das Herz pumpt mehr Blut in die Peripherie. Die Atmung wird schnell und flach. Die Muskeln spannen sich an, der Nacken zieht sich zusammen und wird hart. Die Verdauungsfunktionen verlangsamen sich, und Ihr Blut wird zähflüssiger, die Blutgerinnung steigt. Bei existenziellen Bedrohungen sind das kluge Entscheidungen Ihres Körpers. So bewirkt die gesteigerte Blutgerinnung im Falle einer Verwundung, dass Sie nicht zu viel Blut verlieren. Ihr Gehirn geht in der Stressreaktion eher von wilden Tieren aus und weniger von enttäuschten Chefs oder tuschelnden Eltern.

3. Akt: Zuckervorräte im Gehirn werden knapp, weil sie sich jetzt in der Körperperipherie gesammelt haben, um Sie optimal zum Kämpfen oder zum Flüchten vorzubereiten. Das Denken und vernünftige Handeln ist eingeschränkt. Sie haben im Moment keinen Zugriff auf Strategien aus dem Zeitmanagement. Die Zeit fängt an zu rasen. Sie merken noch nicht einmal, wie Ihre Kontrolle allmählich schwindet. In Ihrem Gehirn wechseln die Bühnenbilder zwischen »Mein Chef wird mit der Bearbeitung und mit mir nicht zufrieden

sein. Ich werde ihn enttäuschen« und »Ich mache mich als Elternsprecherin unglaubwürdig, wenn ich mich schon beim ersten Treffen verspäte, nachdem ich mich gerade für diesen Termin so starkgemacht habe«. Objektiv betrachtet gibt es gar keinen Grund für die so drastische Körperreaktion, denn Sie werden weder Ihren Arbeitsplatz oder den Respekt Ihres Chefs verlieren, wenn Sie ihm die Situation erklären, noch werden die Reaktionen der Eltern, die dann vielleicht auf Sie warten, Ihr Leben in der einen oder anderen Weise nachhaltig beeinflussen. Aber das weiß Ihr Gehirn eben nicht, denn es reagiert wie menschliche Gehirne vor tausenden von Jahren auf Unvorhergesehenes mit dem Notfall- und Schutzprogramm zum Überleben. Was heute noch in extremen Situationen lebensrettend sein kann, zum Beispiel bei einem Unfall in den Bergen, bei dem Sie auf sich selbst gestellt sind und ungeheure körperliche Reserven mobilisieren müssen, um sich in Sicherheit zu bringen, erweist sich im Berufsalltag als unnötige Erschwernis. Nun sind wir aber mit diesen anachronistischen Gehirnen ausgestattet (die im Übrigen ja sonst hervorragende Leistungen erbringen), also müssen wir eben sehen, wie wir diese zumeist unnötigen Stresssituationen bewältigen. Das oben beschriebene Springen zwischen den beiden Bühnenbildern kostet Sie auf jeden Fall viel Energie und verringert Ihre Konzentrationsfähigkeit erheblich, und damit Ihre Effizienz.

4. Akt: Sie ahnen es schon, das Theaterstück könnte als Tragödie enden. Sollten Sie Ihren Körper lang andauernden oder zu häufigen Aktivierungen des Stresssystems ohne ausreichende Regenerationszeiten aussetzen, dann sind seine Antworten leicht vorherzusagen. Je nach Veranlagung reagiert er mit Kopf- oder Rückenschmerzen, hohem Blutdruck, Hauterkrankungen, Verdauungsproblemen oder auch mit gestörtem Schlaf. Im schlimmsten Fall hat die dauerhaft er-

höhte Blutgerinnung eine ideale Voraussetzung für einen Infarkt geschaffen. Ob der dann im Hirn oder im Herzen stattfindet, dürfte dem Schicksal überlassen bleiben. Allerdings: So mancher Zeitgenosse würde wohl eher den Herzinfarkt vorziehen. Ist er doch gesellschaftlich wesentlich »vorzeigbarer« als die so wenig attraktive Halbseitenlähmung eines Hirnschlages. Noch immer gilt fälschlicherweise der Herzinfarkt als typische Managererkrankung und der Schlaganfall als Erkrankung des alten Menschen. In Wirklichkeit haben die beiden eine ganz ähnliche Vorgeschichte. Nun sind Sie aber selbst der Regisseur dieses Theaterstücks, und Sie sind dafür verantwortlich, wie es endet.

Drei Wege in der Stressbewältigung: Bewegen – besinnen – berühren

Drei Regieanweisungen können dazu beitragen, dass Ihnen der vierte Akt erspart bleibt und Sie die Kontrolle in den ersten drei Akten nicht verlieren.

Regieanweisung 1: Bewegen Sie sich

Längst selbstverständlich ist das Wissen, dass Ausdauersport die Stresshormone sinken lässt und ein einfaches und erprobtes Mittel zur Stressbewältigung sein kann. Die Hürde für die regelmäßige Umsetzung dieser Empfehlung (drei- bis viermal wöchentlich etwa 30 bis 40 Minuten Ausdauertraining) ist gerade für die Menschen außerordentlich hoch, die sich im Teufelskreis von Stress und damit zu wenig Zeit befinden. Hier könnte als Einstiegsdroge für mehr Bewegung eine wesentlich kürzere Form der Körperübung hilfreich sein: strecken, dehnen, räkeln, den Körper in alle Richtungen ausbreiten, sich mit Armen, Beinen und Rücken so weit wie möglich Raum nehmen. Dazu braucht es weder eine gezielte

Übungsanleitung noch viel Zeit, sondern nur die Freiheit, seinen Körper und die Gliedmaßen lustvoll und weitläufig zu bewegen.

Das neurobiologische Wirkprinzip ist leicht nachvollziehbar. Wenn das Gehirn mit Stresshormonen überflutet wird, dann gibt es automatisch den Befehl an den Körper: »Muskeln hart machen, Muskeln verkürzen, Zähne fest zusammenbeißen, Angriffsfläche verkleinern, das ganze Bewegungssystem in Kampf- oder Fluchtbereitschaft versetzen.« Der menschliche Körper reagiert ähnlich einem Regenwurm, den man mit einem Stock piekst: Er rollt sich zusammen. Nur kann man das beim Menschen nicht so unmittelbar beobachten wie beim Wurm, denn die Veränderungen laufen viel subtiler ab. Diese Impulse zum »Einrollen und Zusammenziehen« gehen vom Gehirn an den Körper. Es geht aber auch umgekehrt, nämlich dann, wenn der Körper die entgegengesetzte Position der Streckung und Ausdehnung einnimmt. So signalisiert der Körper dem Gehirn: »Alle Stressaktivitäten runterschalten, dem Körper geht es gut, keine Gefahr im Verzug.« Dass dies tatsächlich auch wirkt, zeigt die neuere Embodiment-Forschung. Mit den verschiedensten Studien[33] konnte man belegen, dass ebenso wie das Gehirn den Körper steuert, der Körper die Macht hat, das Gehirn in seiner Biochemie zu beeinflussen.

Eine weitere Form der leichten und effizienten Bewegung ist die Atmung. Wenn ein Mensch entspannt ist, dann kommt er in der Regel leicht mit fünfmaligem Ein- und Ausatmen pro Minute aus. Fühlt er sich unter Druck, so atmet er schneller, kürzer und flacher. Nicht selten erleben wir Klienten, die ohne akute Anforderungen 15 bis 20 Atemzüge pro Minute benötigen. Ihr Körper hat sich durch häufige Stresserlebnisse so an den schnellen Atemrhythmus gewöhnt, dass er ihn automatisiert hat. Eine einfache Atemübung kann helfen, Ihren Körper auf einem niedrigen Stresspegel zu halten und Ihre Gelassenheit zu trainieren.

Atemübung: Den Stresspegel niedrig halten und Gelassenheit trainieren

Setzen oder legen Sie sich entspannt hin. Beobachten Sie das Kommen und Gehen Ihres Atems und die Bewegungen, die ihr Körper während des Atmens macht. Wie bewegen sich Rippen, Bauchdecke und Rücken?

Zählen Sie zunächst: Wie oft müssen Sie pro Minute ein- und ausatmen, damit es Ihnen gut geht?

Nun beginnen Sie allmählich, die Anzahl der Atemzüge zu verringern. Im Idealfall ist die Ausatmung dabei etwas länger als die Einatmung.

Je häufiger Sie das durchführen, desto mehr werden Sie erleben, dass Sie Ihre Atemfrequenz pro Minute verringern. Etliche körperliche Funktionen entspannen sich, sobald Ihre Atmung ruhiger wird.

Die Übung eignet sich als Pausenübung im Beruf ebenso wie als kleines Feierabend- oder Morgenritual. Etwa fünf Minuten täglich (regelmäßig) reichen aus, um Ihren Stresspegel zu senken und Ihre Entspannungsfähigkeit und damit Ihr Zeiterleben zu verbessern.

Regieanweisung 2: Besinnen Sie sich

Stress ist selten objektivierbar, sondern er folgt vielmehr Ihrem eigenen Bewertungsprozess. Aus Gedanken und Gefühlen (»Ich werde nicht geschätzt, wenn ich diese Arbeit heute ablehne« oder »Die reden schlecht über mich, wenn ich anrufe und mich wegen einer beruflich dringenderen Aufgabe abmelde«) werden handfeste Körperreaktionen, aus denen werden Gefühle und so weiter. Willkommen im Teufelskreis.

Möchten Sie aussteigen, oder haben Sie sich mittlerweile gut darin eingerichtet?

Das, was Sie über eine Situation *denken*, was Sie als möglichen Ausgang der Situation vorwegnehmen, das verursacht den Stress. Das lässt die Zeit rasen. Das führt dazu, dass Sie sich selbst nicht mehr gut organisieren können. Es sind nicht allein die Umstände, es sind vielmehr Ihre Bewertungen der Umstände.

Zugegeben, es ist bequemer, den Stress zu externalisieren: der Chef, die ungeduldigen Eltern, der Verkehr, die schlechte Kommunikation, einfach die anderen. Denn wenn der Stress von außen verursacht ist, dann sind auch die anderen schuld und die müssen sich ändern, nicht man selbst. So manövriert man sich selbst in die Opferhaltung. Diese gefühlte Hilflosigkeit wiederum verstärkt das Stresserleben und damit das Gefühl, im Fluss der Zeit in rasender Geschwindigkeit von einer Stromschnelle in die nächste gespült zu werden.

Stellen Sie die Frage nach dem Wert, wenn zwei oder auch mehr konkurrierende Tätigkeiten in Ihnen Unruhe verursachen. Denken Sie über folgende Fragen nach: Wenn A und B zeitlich unvereinbar sind, welche Tätigkeit ist mir dann mehr wert? Welchen Preis bin ich bereit dafür zu zahlen, dass ich die für mich wertvollere Tätigkeit ausübe? Unsere Angestellte aus dem Beispiel *muss* weder den Auftrag des Chefs an diesem Tag erledigen, noch *muss* sie pünktlich zur Elternversammlung. Aber sie hat einen Preis zu zahlen, für das, was sie nicht oder unzulänglich erledigt.

Führen Sie doch einmal Preisverhandlungen (es geht hier nicht um Geld!) mit sich selbst: Welchen Preis bin ich breit zu zahlen …

- … für die nächste Beförderung?
- … für regelmäßige Überstunden?
- … für ein höheres Gehalt?
- … für ein gutes Betriebsklima?
- … für eine verantwortungsvollere oder interessantere Stelle? Für den damit verbundenen Stellenwechsel?
- … für die Bequemlichkeit, mich nicht für etwas zu entscheiden?

Jede Entscheidung kostet etwas – jede Nichtentscheidung aber auch. Solange Sie unentschlossen zwischen verschiedenen Tätigkeiten (oder auch Gedanken) hin- und hermäandern, solange verschleudern Sie Ihre Energie. Unterscheiden Sie also zwischen Effizienz (»Tue ich die Dinge richtig?«) und Effektivität (»Tue ich die für mich richtigen Dinge?«). Was will ich mit meinen Handlungen erreichen? Was sind meine Ziele: Wo will ich beruflich stehen in drei, in fünf, in zehn Jahren? Was will ich privat erreichen und was ist mir das wert? Wo sind Ziele und Werte miteinander vereinbar, wo eher nicht? Kann ich in diesem Unternehmen Karriere machen, wenn ich gleichzeitig eine Fremdbetreuung für meine beiden Kinder am Nachmittag und manchmal auch am Abend ausschließe?

Die zentrale Frage ist also nicht eine Frage nach der Zeit, sondern nach dem Wert und dem Ziel. Sind Werte und Ziele geklärt, dann wird die Entscheidung leichter, der Stress geringer und das Zeiterleben deutlich komfortabler. Selbstverständlich können Sie diese innere Klärung nicht in der akuten Anforderungssituation betreiben. Dafür benötigen Sie den richtigen Moment und einen Stift: Was sind Ihre wichtigsten beruflichen Ziele und passen diese Ziele zu Ihren Werten?

Reflexion 8: Meine Ziele, meine Werte

Meine wichtigsten beruflichen Ziele/Werte	Meine wichtigsten privaten Ziele/Werte

Schwergefallen? Verstehen wir. Sollte die Tabelle nicht ausreichen, um Ihre Ziele zu formulieren, versuchen Sie es doch einmal mit der folgenden Übung.

Übung: Werte und Ziele ermitteln

Es ist das Jahr 2025. In Ihrem Unternehmen wird ein Fest gefeiert und Ihr Vorgesetzter und/oder ein Kollege würdigt in einer Rede Ihre Arbeit, Ihren Werdegang.

Zweites Szenario: Sie feiern einen runden Geburtstag und Ihr Partner, Ihre Kinder, Verwandte oder Freunde bereiten ebenfalls eine Laudatio auf Sie vor.

Sie sind gerührt und stolz auf das, was sie von sich hören. Sie denken: Ja, ich habe es geschafft. Es ist so verlaufen, wie es mir entsprach. Ich war in meinem Sinne erfolgreich.

Was sollten die Redner über Sie sagen, damit Sie mit sich zufrieden sein können? Sind Ihre Ziele erreicht, haben Sie Ihre Werte »gelebt«?

Regieanweisung 3: Lassen Sie sich berühren und berühren Sie andere

Dieses dritte Mosaiksteinchen der Stressbewältigung findet immer weniger Berücksichtigung, obwohl jeder es schon als hilfreich erfahren hat: der Körperkontakt. Wenn Menschen sich berühren, wird ein körpereigenes Hormon ausgeschüttet, Oxytocin. Dieses Hormon hilft die Muskeln zu entspannen und gute Gefühle zu produzieren. Wer einmal ein weinendes (und damit gestresstes) Kind beruhigen wollte, weiß, dass eine innige Umarmung, vielleicht verbunden mit einer leicht wiegenden Bewegung, segensreicher ist als alle noch so klugen Worte. Nein, Sie sollen jetzt nicht Ihren Chef in den Arm nehmen, aber es hilft schon, einmal über die eigene »Berührungskultur« nachzudenken. Welche Formen der Berührung pflegen Sie in der Familie, im Freundeskreis? Existieren neben der Sexualität noch Berührungsrituale?

Ein wirklich achtsamer Händedruck, ein Wangenkuss, der mehr ist als eine oberflächliche Begrüßung, eine herzliche Umarmung oder eine wohltuende Massage? Berührungen sind die intensivste Form der Körpersprache. Sie sagen uns mehr als Worte, sie können heilend wirken, und sie können dazu beitragen, dass wir besser mit den Belastungen des Alltags zurechtkommen.

Wenn Sie sich im Fluss der Zeit besser bewegen wollen, dann sollten Sie für sich prüfen, welche Form der Stressbewältigung Ihnen am ehesten entspricht. Selbstverständlich gibt es noch viel mehr Möglichkeiten als die hier kurz skizzierten, um den Stress zu mindern und Ihnen dadurch zu einem entspannten Umgang mit der Zeit zu verhelfen. Die genannten Wege und Beispiele sollen lediglich die unterschiedlichen Marschrichtungen aufzeigen und auch verdeutlichen, dass es keine Wundermaßnahme gegen den Stress gibt, sondern zumeist eine Kombination verschiedener Vorgehensweisen nötig ist, um Ihr Gehirn und Ihren Körper in einen ruhigeren Modus zu bringen.

Unterschiedliche Zeitqualitäten nutzen

Nicht immer ist eine ruhige Herangehensweise die passende. Das Zauberwort Entschleunigung scheint für viele die Wunderwaffe im Kampf gegen Stress und Zeitdruck zu sein. Vollständige Entschleunigung können Sie sich als Aussteiger auf einer griechischen Insel erlauben. Und ob Sie damit wirklich glücklich werden würden, erlauben wir uns anzuzweifeln: Wenn das ein solch probates Mittel für ein besseres Leben wäre, würden es doch viel mehr Menschen wählen. Es erscheint uns unrealistisch – um nicht zu sagen naiv –, sich für eine grundsätzliche Entschleunigung in der Arbeitswelt stark zu machen. Über steigende Geschwindigkeiten, Hast und Eile haben sich Menschen in allen Kulturen und schon zu allen Zeiten beschwert. Jede Generation der letzten zweihundert Jahre hatte einen neuen Umgang mit Rhythmen, Technik und Beschleunigung zu lernen. So schrieb George Bernard Shaw schon zu Anfang des letzten Jahrhunderts: »Der rastlose Arbeitsmensch von heute hat tagsüber keine Zeit, sich Gedanken zu machen – und abends ist er zu müde dazu. Alles in allem hält er das für Glück.« Von den alten Griechen bis zu den Klassikern des 18. und 19. Jahrhunderts beklagten Philosophen, Schriftsteller und Personen des öffentlichen Lebens die Zunahme der Geschwindigkeit und Komplexität. Einmal war es die Industrialisierung, ein anderes Mal die Erfindung der Eisenbahn oder des Automobils; überall dort konstatierte man eine zu hohe Geschwindigkeit, eine zunehmende Verdichtung und Komplexität, die dem

Menschen nicht guttue. Hören wir endlich auf zu jammern und passen wir uns an, ohne uns zu verbiegen! Wir brauchen gerade in der Berufswelt verschiedene Zeitqualitäten, um internen und externen Ansprüchen gerecht zu werden. Stellen Sie sich die Werke der klassischen Musik alle in der »Entschleunigung« vor. Die Komponisten würden das mit dem italienischen »lente« kennzeichnen. Alles in »lente« … wie dröge! Bereichern Sie Ihr (Arbeits-)Leben um die Tempi der klassischen Musik, so wie es der Autor Olaf Georg Klein[34] vorschlägt: »Morgens mit einem Allegro (heiter beschwingt) aufstehen, dann zur Arbeit mit einem Allegro vivace (schnell und heiter), ein Problem lösen mit einem Furioso (stürmisch voran), danach ein bewusstes Lente (langsam) einlegen, an einem Konzept arbeiten mit einem Allegro con spirito (heiter und mit Geist), mit einem Andante (voranschreitend) in die Mittagspause gehen, mit einem Allegretto grazioso (verspielt und mit Grazie) ein Gespräch mit einem netten Kollegen oder einer netten Kollegin führen, schließlich mit einem Grave (schwer, getragen) ein Problem zur Kenntnis nehmen und regeln, anschließend mit einem Presto (schnell) noch ein paar Emails schreiben und dann mit einem Allegro (heiter beschwingt) in den Feierabend gehen.«

Was wir brauchen, ist zweierlei:

1. Das Bewusstsein: In welcher Zeitqualität tue ich was am besten? Vielleicht werden Sie feststellen, dass manche Tätigkeiten in einem schnellen Modus sogar mehr Freude bereiten und andere Aufgaben dann umso mehr von der Langsamkeit profitieren.

2. Die Fähigkeit, zwischen unterschiedlichen Zeitqualitäten flexibel zu wechseln, anstatt an der Vorstellung zu kleben, wenn alles langsamer wäre, wäre auch alles besser.

Die Macht der Zeitwahrnehmung

Neben der Geschwindigkeitsperspektive lohnt sich ein zusätzlicher Blick auf die Zeitdimensionen, auf die wir uns konzentrieren, die wir erleben und wahrnehmen. Der amerikanische Psychologe Philip Zimbardo[35] untersuchte, wie Menschen nach unterschiedlichen inneren Zeitmodellen und -perspektiven leben, der Vergangenheits-, Gegenwarts- und der Zukunftsorientierung. In der Folge beschrieb er, wie diese drei Zeitorientierungen eines Menschen dessen Denken, Fühlen und Handeln prägen. Dies geschieht zumeist automatisch und unbewusst. Diese Zeitperspektiven variieren zwischen Kulturen, Religionen, sozialen Klassen, Bildungsschichten und natürlich zwischen einzelnen Menschen.

Menschen mit starker Vergangenheitsorientierung fokussieren auf zurückliegende Erlebnisse und Ereignisse

Innerhalb der Vergangenheitsorientierung unterscheidet Zimbardo eine positive und eine negative Ausprägung. In der positiven Variante bewertet der Mensch die Ereignisse der Vergangenheit für sich günstig: »Als ich vor sieben Jahren nicht befördert wurde, so wie ich es erwartet hatte, war das für mich der Anlass, mich endlich bei einer anderen Firma zu bewerben. So bin ich im Nachhinein dankbar, sonst hätte ich niemals die Entwicklungsmöglichkeiten bekommen, die ich jetzt habe.« In der negativen Vergangenheitsorientierung könnte die Bewertung so ausfallen: »Ich werde es meinem alten Chef nie vergessen, dass er mich damals nicht befördert hat, obwohl ich eindeutig der bessere Mann für den Job war. Das war eine völlig ungerechte und inkompetente Entscheidung, die mich noch heute wütend macht.« Menschen, die sehr vergangenheitsbezogen denken und sprechen, prägen damit das Erleben in der Gegenwart und der Zukunft. Entscheidend für die Qualität dieses Erlebens ist, ob diese Vergangenheit positiv oder negativ bewertet wird. Ein römischer Dichter schrieb: »Sein vergangenes Leben genießen zu können heißt zweimal zu leben.«[36]

Alle unsere Erinnerungen sind notorisch unzuverlässig und kaum Abbildungen der Realität. Sie unterliegen unseren Bewertungen. Sie können Geschehenes nicht ungeschehen machen, aber Sie haben die Macht, Ihre Vergangenheit neu zu bewerten. Wie, das bleibt Ihnen selbst überlassen.

Der Mensch mit starker Gegenwartsorientierung konzentriert sich auf das Leben im Moment

Auch hier existieren zwei Ausprägungen. Die hedonistische (genussorientierte) Gegenwartsorientierung: »Ich genieße das Vertrauen, das meine Kollegen in mich setzen, und freue mich darüber, dass ich zur Zeit für den Bereich x in meiner Firma zuständig bin.« Die fatalistische (schicksalsergebene) Ausprägung: »Es ist, wie es ist. Ich mache meine Arbeit so, wie sie vor mir liegt. Das Schicksal bestimmt mein Leben.«

Das Leben ist voll von aktuellen Versuchungen: das gute Glas Wein, der Kinobesuch, ein Nachmittag auf dem Sofa, der Lustkauf … Manche Menschen tun sich deutlich schwerer als andere, Bedürfnisse der Gegenwart aufzuschieben, um Tätigkeiten auszuüben, für die die Belohnungen erst in der Zukunft zu erwarten sind: ein anspruchsvolles Fachbuch lesen, etwas für die Gesundheit tun oder die Vorarbeiten für ein Projekt im Detail planen. Sich immer auf der Stelle Befriedigungen verschaffen zu wollen ist natürlich unvereinbar mit einer beruflich erfolgreichen Biografie. Gegenwartsorientierung kann aber auch bedeuten, voll und ganz in einer beruflichen Tätigkeit aufzugehen. Psychologen sprechen dann von Flow. Hier handelt es sich um einen besonderen Bewusstseinszustand, in dem Sie eine gewisse Zeit lang mit großer Hingabe eine bestimmte Tätigkeit ausüben und dabei Zeit und Raum um sich herum vergessen. Sie sind völlig absorbiert von der Tätigkeit, so wie ein Kind im Spiel, und Sie blenden dabei alle Störfaktoren aus. Sie haben das Gefühl der Kontrolle, erleben diese Aktivität als befriedigend und mühelos. Um in einen solchen Zustand zu kommen, brauchen Sie einerseits Kompetenz für das, was Sie tun, andererseits aber auch die Präferenz, nämlich, dass Sie das lieben, was Sie tun.

Menschen mit starker Zukunftsorientierung richten ihre Aktivitäten an den Ergebnissen in der Zukunft aus

»Wenn ich die Ausbildung abgeschlossen habe … Wenn ich Abteilungsleiter werde … Wenn ich die Gehaltserhöhung bekomme … Wenn …, dann …« Diese Zielorientierung kann – im richtigen Maß – Flügel verleihen und ungeahnte Kräfte freisetzen. Die zweite Ausprägung dieser Orientierung kann aber auch eher metaphysisch gelebt werden. Im Extremfall könnte diese metaphysische Ausprägung zu der Grundhaltung führen: »Wenn ich tot bin, dann beginnt für mich das wahre Leben.« Sie ahnen es schon: Es ist gar nicht so einfach, das richtige Maß an Zukunftsorientierung zu finden.

Die Mischung macht's

Jede Ihrer Entscheidungen wird von Ihrer inneren Zeitperspektive beeinflusst. Ob Sie beispielsweise einen unbequemen Arbeitsauftrag kurz vor Feierabend noch annehmen, kann maßgeblich von Ihrer vorherrschenden Zeitperspektive abhängig sein: »Ich übernehme das, denn ich will in dieser Firma noch Karriere machen« (zukunftsbezogen); oder: »Nein, das mache ich nicht mehr, denn ich bin müde und will heute früher nach Hause« (gegenwartsbezogen); oder: »Nein, ich lehne das ab, da ich trotz meiner Bemühungen in den letzten Jahren keine Gehaltserhöhung bekommen habe« (vergangenheitsbezogen).

Jedes Zuviel, aber auch jedes Zuwenig einer Zeitorientierung birgt Gefahren. Zeitorientierungen können auch biografisch eingeordnet werden. So kann das Baby und Kleinkind gar nicht anders, als ausschließlich gegenwartsbezogen zu sein. Seine Bedürfnisse sollen jetzt und hier und auf der Stelle befriedigt werden. Eine Vorstellung von Zukunft ist in dem kindlichen Gehirn noch nicht vorhanden. Jede Mutter und jeder Vater eines pubertierenden Kindes kämpft ebenfalls mehr oder weniger mit der Gegenwartsbezogenheit seines Sprösslings. Während der Ausbildung und der frühen Berufsjahre dagegen erscheint Zukunftsorientierung bis zu einem gewissen Maß durchaus hilfreich, um Ziele zu erreichen und das Leben in gute Bahnen zu lenken. Eine starke Vergangenheitsorientierung, manchmal bis zur Fixierung, findet man nicht selten bei hochbetagten Menschen, deren Denken, Sprechen und Fühlen sich auf frühere Ereignisse fokussieren. Verständlich einerseits, denn ihnen bleibt häufig kaum noch Zukunft. Unverständlich andererseits, denn gerade jetzt könnten sie es sich erlauben, sich völlig genussorientiert der Gegenwart zuzuwenden. So äußerte unsere Großmutter beziehungsweise Schwiegermutter mit 94 Jahren noch Bedenken, sie könne vom Alkohol abhängig werden, wenn sie mehr als ein Glas am Abend trinke. Daher rationierte sie ihren geliebten Weißwein streng. Sie hatte wohl für ihr Alter eine zu starke Zukunftsorientierung.

Ein erfolgreiches Leben zu führen bedeutet für Zimbardo, eine optimale Zeitperspektive zu erlernen. Dazu gehört:

1. Eine stark ausgeprägte positive Vergangenheitsorientierung. Sie verhilft zu kräftigen Wurzeln und zur Ausbildung einer guten Identität. Gleichzeitig sollten wir uns wenig an schlechten Erlebnissen aus der Vergangenheit orientieren. Das bedeutet nicht, die Vergangenheit zu verklären, sondern Neubewertungen vorzunehmen. So könnte beispielsweise die Tatsache in ein neues Licht gerückt werden, dass eine Berufsausbildung oder ein Studium erst mit 33 Jahren abgeschlossen wurde, anstatt im üblichen Alter von 24: »Ich hatte einen sehr speziellen Weg zu meinem Berufsabschluss finden müssen. Die Unterbrechungen während des Studiums oder der Berufsausbildung haben mir sehr geholfen, meine Neigungen, Fähigkeiten und meine Persönlichkeit zu entwickeln. Dass ich dadurch erst später Geld verdienen konnte als meine Altersgenossen, nehme ich dafür in Kauf. Ich hatte eine entspannte Zeit.«
2. Eine moderat ausgeprägte Orientierung an der Zukunft: Ohne Zukunftsorientierung gibt es keinen beruflichen Erfolg. Zukunftsmenschen können aktuellen Versuchungen widerstehen und die Befriedigung ihrer aktuellen Bedürfnisse gut aufschieben. Sie sind Problemlöser, verdienen meist mehr Geld, sie geben nicht so schnell auf und lernen aus Misserfolgen. Zu starke Zukunftsorientierung birgt aber auch Gefahren: Menschen kennen dann häufig nur ihre Arbeit, ihre Karriere und streben zu sehr nach Kontrolle. Sie opfern Familienzeit, Freundschaft, Schlaf, Genuss und aktuelles Wohlempfinden für ein späteres Ziel, von dem man ja nie ganz sicher sein kann, ob man es auch wirklich erreicht. Eine moderate Zukunftsorientierung bedeutet also, Ziele zu haben, sie zu verfolgen, Bedürfnisse

dafür phasenweise aufschieben zu können und dennoch genügend Raum im Hier und Jetzt für Genuss zu haben.

3. Gemäßigte genussorientierte Gegenwartsorientierung: Sie ermöglicht es Ihnen, Energie zu gewinnen, Lebendigkeit zu spüren und zu genießen. Diese Orientierung vermittelt das, was viele Menschen unter Lebensqualität verstehen: Freude, Leichtigkeit und Wohlbefinden. Genussreiches Essen, Entspannen, lustvolles Bewegen und Tanzen, soziale Kontakte, Musik und andere Künste genießen. Gleichzeitig möchten wir daran erinnern, dass genussvolles Erleben der Gegenwart auch immer im Beruf möglich ist: die Freude an der Herausforderung einer Aufgabe, an einem Gespräch mit Vorgesetzten und Kollegen, die Freude über eine gelungene Arbeit.

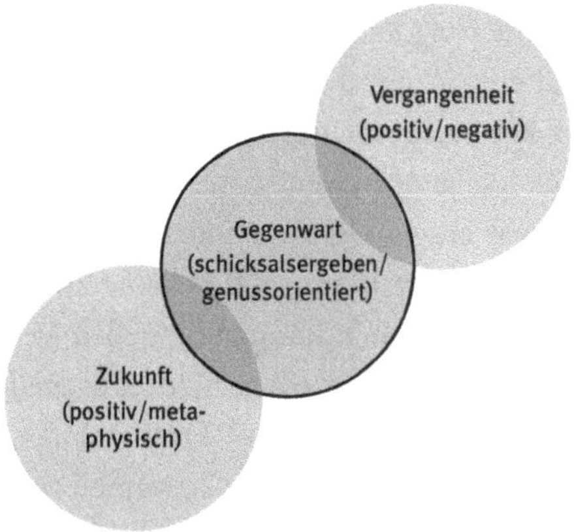

Abbildung 11: Zeitperspektiven: Vergangenheit würdigen und daraus lernen – Gegenwart nutzen und genießen – Zukunft planen und gestalten

Um die eigene berufliche Biografie erfolgreich zu gestalten, kann das Modell der sechs Zeitperspektiven sehr hilfreich sein. Sie können dem eigenen Denken und Handeln dadurch neue Impulse geben. Das optimale Mischungsverhältnis lässt sich nicht in Prozenten oder Zeitangaben ausdrücken, aber vielleicht helfen Ihnen ja schon unsere kurzen Fragen im folgenden Kasten ein Stück weiter?

Sollten Sie sich intensiver mit Ihrer Zeitpersönlichkeit beschäftigen wollen, können Sie eine Analyse sowie ein Trainingsprogramm absolvieren, das Sie dabei unterstützt, Ihre vernachlässigten Zeitdimensionen mehr zu leben.[37]

Reflexion 9: Zeitperspektiven

- Welche Zeitperspektive dominiert in Ihrem Leben?
- Welche Zeitorientierung möchten Sie mehr leben?
- Welche etwas verringern?
- Wie würde das konkret aussehen?

Zeitvernichtungsprogramme im Arbeitsleben

Zwei immer häufiger auftretende Phänomene der zeitlichen Arbeitsorganisation sind Ausdruck eines unreflektierten Zeitverständnisses: Multitasking und Arbeitsunterbrechungen. Sie sind verantwortlich für schlechtere Arbeitsergebnisse, für Unzufriedenheit und Stresserleben.

Zeiträuber Multitasking

Herr M. telefoniert mit einem Kunden, währenddessen zeigt sein PC den Neueingang einer erwarteten wichtigen E-Mail, die er dann auch schon während des Gesprächs direkt öffnet und liest. Im weiteren Verlauf des Telefonats trinkt er noch seinen Kaffee oder isst ein Brötchen und unterbricht das Telefonat, um einer Kollegin eine kurze Anweisung für die

Teambesprechung zu geben. Herr M. glaubt, damit sehr effizient zu sein und Zeit zu sparen. In Wirklichkeit verliert er Zeit und setzt seinen Körper unnötig unter Stress.

Unsere Gehirne eigenen sich nicht für Multitasking – nein, auch Frauengehirne sind hier nicht effizienter. Der Teil des Gehirns, der bewusste Prozesse steuert, das Arbeitsgedächtnis, kann nur dann volle Leistung bringen, wenn er einen einzigen Arbeitsvorgang bearbeitet. Gleichzeitigkeit kann funktionieren, wenn Sie Aufgaben bewältigen, die automatisiert sind, bei denen Sie keine Aufmerksamkeit benötigen und Ihr Arbeitsgedächtnis nicht fordern müssen. So konnten früher viele Frauen die kompliziertesten Strickmuster während eines angeregten Gesprächs fehlerfrei umsetzen. Der Prozess des Strickens war so im Kleinhirn abgespeichert, dass er das Arbeitsgedächtnis nicht forderte und die ganze Aufmerksamkeit somit völlig für das Gespräch zu Verfügung stand. Herr M. wird dagegen die flüchtig gelesene E-Mail noch einmal lesen müssen, ihm können im Telefonat wichtige Informationen entgangen sein, die er sich ein zweites Mal einholen muss. Ebenso wird er sich nicht mehr genau erinnern können, welche Anweisungen er der Kollegin gegeben hat, und natürlich konnte er auch den Kaffee nicht genießen – wenn er es denn überhaupt bemerkt hat, dass er ihn getrunken hat. Dabei fühlt sich Herr M. aber wahrscheinlich produktiv, zumeist gestresst, in jedem Fall braucht er dafür aber mehr Zeit als für konzentriertes »Singletasking«. Die Fehlerwahrscheinlichkeit steigt schon an, wenn Sie sich nur auf zwei Aufgaben gleichzeitig konzentrieren wollen.[38] Ab dem Bewältigen von drei Aufgaben gleichzeitig ist mit massiven Konzentrationseinbußen zu rechnen – selbst wenn nicht alle Aufgaben kognitiv stark fordern. Dieses vermeintliche Multitasking gehört in der modernen Arbeitswelt zu den häufigsten und oft auch selbst produzierten Störfaktoren.

Es gibt zwar Hinweise darauf, dass die Leistungen beim sogenannten Multitasking mit den Jahren etwas abnehmen[39]; dennoch verhilft in jedem Lebensalter eine Kultur des Singletasking zu besseren Arbeitsergebnissen und mehr Gesundheit.

Effizienzkiller: Arbeitsunterbrechungen

Multitasking scheint für viele in der Arbeitswelt dennoch fast ein Adelsprädikat zu sein, wogegen Arbeitsunterbrechungen durchaus als Effizienzkiller erkannt werden. Dabei handelt es sich aber um eng verwandte Phänomene. Vielleicht besteht die unterschiedliche Bewertung darin, dass das eine, Multitasking, als eigene Fähigkeit definiert wird, das andere, Unterbrechungen, hingegen leichter in der Unzulänglichkeit des Systems oder der Vorgesetzten und Kollegen gesehen wird. In den meisten Mitarbeiterbefragungen zur Qualität ihrer Arbeit stellen wir jedenfalls eine hohe Unzufriedenheit mit der Häufigkeit der Unterbrechungen während der Arbeit fest. Diese sogenannten Fraktionierungen durch Telefon, E-Mails, Besprechungen und Vorgesetzte erleben viele Mitarbeiter als große Störfaktoren der Arbeitsorganisation. Damit ein Gehirn maximale Leistung bringen kann, benötigt es etwa 15 Minuten ungestörter Konzentration auf die zu verrichtende Aufgabe. Eine Unterbrechung von nur 30 Sekunden wirft die Leistungsfähigkeit wieder um 10 bis 15 Minuten zurück. So kostet der Satz: »Frau Müller, haben Sie mal eine Minute?« eben deutlich mehr als nur die vermeintliche Minute. Und wenn Ihnen das mehrfach am Tag passiert, dann hat das für den Betrieb und für Sie selbst langfristig ernste Konsequenzen.

So berichtete ein 57-jähriger Ingenieur von Schlafstörungen, innerer Unruhe und Nackenbeschwerden. Er komme völlig ausgelaugt nach einem Acht-Stunden-Tag nach Hause und habe zunehmend das Gefühl, seine Arbeit nicht mehr gut bewältigen zu können. Er liebe seine Tätigkeit, aber erreiche seine selbstgesteckten Tagesziele nicht mehr und fühle eine wachsende Unzufriedenheit. Er interpretierte diese Beschwerden mit der mangelnden Belastbarkeit, die wohl seinem Alter entspräche. Bei der Analyse seines Arbeitsalltags fiel auf, dass er an normalen Tagen bis zu 17 Unterbrechungen an einem Vormittag während seiner komplexen Konstruktionsaufgabe aushalten musste. Da auch andere Kollegen im Team von ähnlichen Problemen berichteten, organisierte die Personalabteilung einen Teamworkshop zur Verbesserung der Arbeitsorganisation und Verminderung der Unterbrechungen. Die Umstellung dauerte einige Monate. Danach berichtete der Ingenieur, dass seine innere Unruhe und auch seine Schlafprobleme deutlich abgenommen hätten, er sei vor allem nun zufriedener mit seinen Arbeitsergebnissen. Er erkannte, dass seine frühere Befindlichkeit nicht auf sein Alter, sondern vielmehr auf die Arbeitsorganisation und hier insbesondere auf die vielen Unterbrechungen zurückzuführen war.

Vielleicht lohnt es sich auch für Sie, die untenstehenden Fragen für sich zu beantworten?

Reflexion 10: Multitasking und Arbeitsunterbrechungen

- Bei welchen Gelegenheiten werden Sie zum Multitasker?
- Wo sehen Sie für sich hier Veränderungsbedarf?
- Wie soll diese Änderung konkret aussehen?
- Wo lassen sich Arbeitsunterbrechungen vermeiden?
- Was könnten Sie tun, um mindestens 90 Minuten am Tag ungestört zu arbeiten?
- Wen müssten Sie gewinnen, um die Arbeitsorganisation im Team zu optimieren?

Lernen beflügelt: Was treibt mich an?

»Lernen ist Wettbewerbsverzerrung.«
N. N.

Erfolgreich Älterwerden im Beruf, reife Leistungen erbringen ohne Lernen? Undenkbar! Niemand wird ernsthaft infrage stellen, dass Lernbereitschaft und Lernfähigkeit Grundvoraussetzungen für ein gelingendes Älterwerden sind. Viele schleppen aber nach wie vor Vorurteile zur Lernfähigkeit im mittleren und höheren Erwachsenenalter mit sich herum. »Was Hänschen nicht lernt, lernt Hans nimmermehr.« Diese längst überholte Volksweisheit verklebt die Synapsen vieler Zeitgenossen wie Harz die Baumrinden und verhindert, dass wertvolle Potenziale abgerufen und genutzt werden.

»Sie glauben doch nicht im Ernst, dass einer über 50 sich noch verändert.« So der Kommentar einer Führungskraft bei einem Vortrag über das Thema »Lernen 50+«. Dieser Mann hatte erkannt, dass Lernen über das Lernen von Faktenwissen hinaus auch in persönlicher Entwicklung (= persönliche Veränderung) besteht. Was die Veränderungsfähigkeit über 50 angeht, hatte er allerdings Unrecht. Ältere Mitarbeiter können sich ebenso wie jüngere verändern und dazulernen. Das kognitive System in unserem Kopf ist bemerkenswert plastisch – da sind sich alle Neurobiologen einig. Ob Sie aber lernen wollen, das ist eine ganz andere Frage. In jedem Alter, egal ob Berufseinsteiger oder alter Hase, ist die Lernfähigkeit von der Lernbereitschaft abhängig. Und die wiederum ist abhängig von unserer Erwartungshaltung, unserer Einstellung zum Lernen. Wenn Sie selbst glauben, Sie könnten etwas nicht (mehr) lernen, werden Sie keine Lernbereitschaft entwickeln können

– willkommen im Teufelskreis! So können Vorurteile Ihre Leistungsfähigkeit deutlich mehr demolieren als Ihre Biologie.

Hinzu kommt, dass Lernen bei vielen Menschen immer noch ein schlechtes Image hat. Ungünstige Kindheits- und Jugenderfahrungen prägen das »Lerngefühl« häufig über die gesamte Lebensspanne. Schlechte Rahmenbedingungen, lustlose Lehrer oder sinnlose Lerninhalte haben bei vielen zu einer negativen Bewertung des Lernens beigetragen. Wer aber von Ihnen schon unter guten Bedingungen, mit einem kreativen und emotional engagierten Lehrer praktisch Anwendbares gelernt hat, der weiß, wie lustvoll und beflügelnd das sein kann: endlich das neue Computerprogramm zu beherrschen, ein technisches Problem gelöst und verstanden zu haben, Kommunikationskompetenzen für eine Präsentation erworben zu haben …

Sie können nicht nicht lernen

Das Gehirn lernt unentwegt, ob Ihnen das nun gerade bewusst ist oder nicht. Es lernt also auch, während Sie Reklame oder Seifenopern im Fernsehen sehen. Die Frage ist folglich nicht nur, ob Sie etwas lernen, sondern auch, was Sie lernen. Und in welchem Modus Sie lernen.

Sie haben in den letzten Jahren gelernt, was das ist: Facebook, iPhone, iPad, Tablet PC, Google, iCloud, Skype, Dropbox, Smartphone … Das alles gab es vor dem Jahr 1995 noch nicht, und doch wissen Sie zumindest, was es ist, und wahrscheinlich können Sie auch einiges davon ganz erfolgreich anwenden. Sie haben sozusagen im »Vorbeigehen« und unbewusst gelernt, Sie haben dafür (wahrscheinlich) kein Buch gelesen und keine Weiterbildung absolviert, sondern diese Informationen ganz nebenbei aufgenommen und verarbeitet. Das nennt man implizites Lernen. Auf diese Weise »passiert« zum Beispiel auch das Lernen von Emotionen im Kindesalter: wahrnehmen, empfinden, verstehen, lernen, ohne bewusste Anstrengung. Im Gegensatz dazu nimmt man sich beim expliziten Lernen ganz bewusst vor, was und wie man lernen möchte.

Insbesondere das Faktenlernen gehört in diese Kategorie. Vielleicht erinnern sich manche Leser noch mit Grauen an das Auswendiglernen von Geschichtsdaten. Aber auch Faktenwissen kann lustvoll gelernt und gut abgespeichert werden, wenn Sie dieses Wissen nutzbringend bei Bedarf abrufen können: Das Durchstöbern von Fakten und neuen Forschungsergebnissen zum Thema Ernährung und die Weitergabe der neuen Erkenntnisse im beruflichen Kontext kann spannendes Lernen im Alltag mit gewinnbringendem Wissen im Job verbinden.

»Ich höre zwar schlechter, aber ich verstehe immer besser«

Mit jedem zusätzlichen Lebens- und Lernjahr haben Sie die Chance, Zusammenhänge immer tiefer und besser zu verstehen. Das kann sich sogar beim Ansehen von Fernsehserien bemerkbar machen: Wenn jemand sich die beliebte US-Serie The Simpsons in der Kindheit und frühen Jugend angesehen hat, fand er sie wahrscheinlich amüsant. Wer sich die gleiche Serie einige Jahre später, in den Zwanzigern ansieht, wird sie viel mehr als nur amüsant finden. Aspekte, die man in der Kindheit noch nicht fähig war zu erkennen, erschließen eine neue Ebene: immer wiederkehrende Muster als Stilmittel, aktuelle politische Anspielungen, das Nutzen verschiedener überspitzter Charaktere zur Darstellung gesellschaftlicher

Strömungen, Sozialkritik. Ohne ein gewisses Maß an Wissen über Gesellschaft, Weltgeschehen und aktuelle Entwicklungen sind viele Witze gar nicht zu begreifen. Wer als 40-Jähriger diese Serie immer noch nur als Nonsens und seichte Unterhaltung versteht, hat wohl eine Entwicklung verpasst.

Zum Lernen benötigen Sie also nicht immer neue Inhalte, sondern manchmal auch Altbekanntes, das Sie in einen neuen Erfahrungskontext setzen können. So kann es durchaus inspirierend sein, ein Lieblingsbuch aus der zurückliegenden Lebensdekade oder aus der Jugend noch einmal zu lesen. Vielleicht werden Sie feststellen, dass von Ihrem »Liebling« nicht viel übrig geblieben ist und Sie gar nicht mehr nachvollziehen können, was Sie damals so gefesselt hat. Oder aber Sie lesen dort Dinge, die Sie beim ersten Lesen gar nicht wahrgenommen haben und jetzt neu in einer unerwarteten Tiefe erfahren. Die Beziehung zu Ihrem Lieblingsautor dürfte ähnlich dynamisch sein wie die Beziehung zu einem oder einer Geliebten.

Reflexion 11: Lernen und Kontext

- Welches für Sie bedeutsame Buch könnten Sie nochmals lesen, welchen Film nochmals ansehen?
- Schmökern Sie in alten Unterlagen einer für Sie wichtigen Fortbildung. Was fällt Ihnen dabei auf?
- Welches gesellschaftspolitische Thema liegt Ihnen am Herzen? Wie hat sich Ihre Einstellung durch Ihre Erfahrung ausdifferenziert?

Selbstverständlich unterscheiden sich die Gehirne der Generationen. Jüngere und ältere Menschen erbringen ihre jeweils besten Leistungen in unterschiedlichen Gebieten: Sich in schnell wandelnde Lebensbereiche einzuarbeiten, zum Beispiel in den Umgang mit Computern und Smartphones, ist eher die Stärke von 20-Jährigen. Ihre Gehirne entwickeln und formen sich noch schneller als die älterer Personen. In Bereichen, in denen Erfahrungswissen gefragt ist, wie zum Beispiel in sozialen Berufen, erbringen gerade Menschen in fortgeschrittenem Alter hervorragende Leistungen. Aufgrund ihrer Erfahrung sind sie in der Lage, auf einem anderen Niveau zu verstehen und sich besser in andere hineinzuversetzen als jüngere Gehirne.

Diese Unterschiedlichkeit kann man sogar sichtbar machen: Studien im Kernspintomographen zeigen, dass ältere Gehirne mehr Areale zum Lösen komplexer Aufgaben nutzen als jüngere. Ob das nun eine kompensatorische Strategie ist oder das Nutzen alternativer Lösungsstrategien, darüber ist man sich noch nicht einig.

Aber Sie müssen gar nicht die Wissenschaft bemühen, um Unterschiede zwischen jüngeren und älteren Gehirnen zu entdecken. Spielen Sie doch einmal mit einem sechsjährigen Kind Memory – es wird Sie haushoch besiegen. Doch das sind nicht die Fähigkeiten, die Sie benötigen, um im Beruf erfolgreich zu sein. Fatal ist es, von solchen kindlichen Einzelleistungen auf eine nachlassende eigene Hirnleistung zu schließen. Um sich von dem niederschmetternden Ergebnis des Memoryspiels zu erholen, führen Sie dann am besten eine fachliche Diskussion über Ihre Alltagsarbeit mit einem Kollegen, der erst kurze Zeit im Beruf ist. Ihr Selbstbewusstsein wird sich schnell erholen.

Ja, es gibt eine Form der Intelligenz, die umso größer wird, je älter Sie werden. Diese Intelligenz entsteht aus dem im Leben gesammelten Erfahrungswissen, und man bezeichnet sie als kristalline Intelligenz. Sie ist verantwortlich für Leistungen, die auf Sprachverständnis und erfahrungsgeleitetem Sachwissen beruhen, und sie ermöglicht es Ihnen, auf bekannte Lösungsstrategien zurückzugreifen und daraus auch neue zu entwickeln. Expertenwissen zum Beispiel besteht wesentlich aus Erfahrungsdaten und ist somit ein Teil der kristallinen Intelligenz[40] – Sie werden selten einen wirklichen Experten finden, der Mitte 20 ist und gerade sein Studium abgeschlossen hat.

Daneben verfügen Sie auch über die fluide Intelligenz, die sich (etwas vereinfacht gesagt) auf die Lernfähigkeit bezieht, zum Beispiel auf logisches Denken und die Kontrolle von Denkvorgängen. Diese Form der Intelligenz nimmt im Lauf des Lebens etwas ab – doch dieser Rückgang kann in weiten Teilen durch den Ausbau der kristallinen Intelligenz kompensiert werden.

Das wohl bekannteste Beispiel für den Nutzen und den Reichtum an kristalliner Intelligenz im Alter ist vermutlich das von Chesley Sullenberger. Der Pilot machte 2009 Schlagzeilen, als er ein Passagierflugzeug auf dem Hudson River notlandete, weil sich Vögel in den Triebwerken verfangen und das Flugzeug außer Gefecht gesetzt hatten. Mit der Notlandung rettete Sullenberger hunderte Menschenleben und vollbrachte eine Leistung, die kaum jemand für möglich gehalten hatte. Sullenberger war keiner von den jungen Piloten, denen man eine besonders gute Reaktionsgeschwindigkeit nachsagt – er war zum Zeitpunkt der Notlandung 57 Jahre alt. »Man kann es vielleicht so sehen, dass ich 42 Jahre lang kleine, regelmäßige Einzahlungen in die Erfahrungsbank gemacht habe: Ausbildung und Training. Und am 15. Januar reichte das Guthaben aus, dass ich eine sehr große Abhebung machen konnte«[41], so der Kommentar des Piloten zu seiner spektakulären Leistung.

Bitter bleibt allerdings, dass die positiven Entwicklungen im Erfahrungsbereich nur bei komplexen und nicht bei einfachen Tätigkeiten auftreten.[42]

Entwicklung von Leistung und Lernen – was stimmt denn nun?

»Ich bin zu alt, um das noch zu lernen.« Dass dieses Vorurteil nicht so ganz stimmt, wissen Sie ja bereits. Ein Fünkchen Wahrheit steckt aber doch auch in dieser Aussage: Tatsächlich ist es so, dass es für bestimmte Lerninhalte sogenannte sensible Phasen in der Kindheit und frühen Jugend gibt. Das sind Zeitspannen, in denen gewisse Erfahrungen gemacht werden sollten, um bestimmte Fertigkeiten und Fähigkeiten zu erwerben. In diesen Phasen fällt es besonders leicht, bestimmte Dinge zu erlernen:[43] Sprache, Bewegung oder das Spielen eines Instruments – werden diese Dinge nicht in den jeweiligen sensiblen Phasen während der Kindheit gelernt, muss man später viel mehr Energie und Zeit investieren. Dasselbe Niveau wie ein Muttersprachler werden Sie natürlich nicht mehr erlangen, wenn Sie mit 50 anfangen, Englisch zu lernen – für ein ordentliches Business English ist es dagegen nie zu spät.

Die Erkenntnis, dass das neuronale Wachstum im Gehirn, also das Entstehen neuer Gehirnzellen, mit Mitte 20 seinen Höhepunkt erreicht hat und danach langsam aber stetig abnimmt, prägt die öffentliche Meinung über Lern- und Leistungsfähigkeit im Alter. Fälschlicherweise setzen viele diesen

Gedanken gleich mit einer Abnahme der Lern- und Leistungsfähigkeit des Gehirns. Die Wahrheit ist: Auf dem Höhepunkt des neuronalen Wachstums werden zwar über Nacht unglaublich viele Hirnzellen produziert – wir können sie aber gar nicht alle nutzen. Die, die wir tagsüber durch Lernen und Leben füttern, bleiben bestehen und ihre Verbindungen festigen sich. Die, die wir nicht nutzen, sterben einfach wieder ab. Die gute Nachricht ist: Auch wenn das neuronale Wachstum mit der Zeit langsamer vonstatten geht, produzieren gesunde Gehirne ein ganzes Leben lang genügend neue Zellen, um in jedem Alter dazuzulernen und leistungsfähig zu sein.

Die Befundlage in Bezug auf Gedächtnis- und Lernleistungen ist widersprüchlich.[44] Oftmals schreiben ältere Menschen zum Beispiel ihre Vergesslichkeit ihrem Alter zu. Jüngere, die durchaus auch Dinge vergessen, führen diese Vergesslichkeit auf andere Gründe, zum Beispiel mangelnde Anstrengung zurück – einfach eine Frage der Bewertung.

Wie sich verschiedene Leistungsfähigkeiten tatsächlich über die Lebensspanne verändern, sehen Sie in Abbildung 12. Hier wird deutlich, dass Altern viele unterschiedliche Entwicklungen in verschiedenen psychischen und sozialen Bereichen mit sich bringt. Während fluide Intelligenz und das episodische Gedächtnis (Abruf persönlicher Erlebnisse) ab einem gewissen Alter abnehmen, zeigen sich bei der impliziten Gedächtnisleistung (Abruf unbewusster Lerninhalte wie beispielsweise automatisierte Bewegungsabläufe) sowie der kristallinen Intelligenz oftmals stabile Leistungen, die lange aufrechterhalten werden können. Die Entwicklung der verschiedenen Gedächtnisleistungen kann dabei bei ein und derselben Person von Bereich zu Bereich sehr variabel sein.

Gerade soziale und psychische Leistungen können sich mit den Jahren sogar noch weiter entwickeln: Die Lebenserfahrung im Sinne von Lebenswissen und reflektierten Erfahrungen wächst für gewöhnlich bis ins hohe Alter und auch die Selektivität sozialer Beziehungen wird immer größer. Das heißt, je älter man wird, desto weniger zählt meist die pure Anzahl sozialer Beziehungen, die Qualität von Freundschaften und Kontakten dagegen wird immer wichtiger.

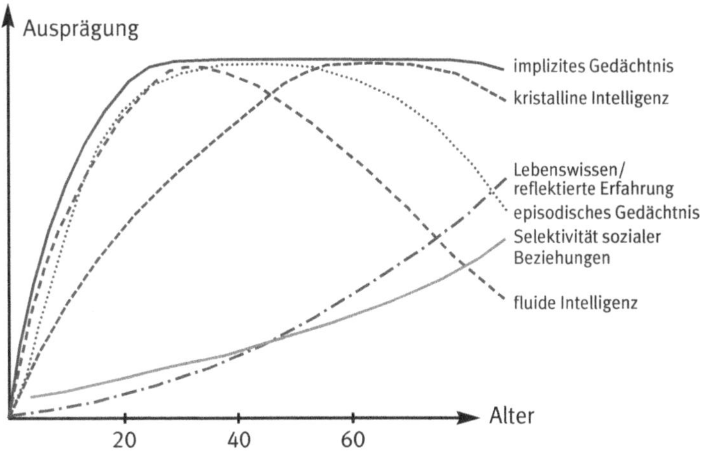

Abbildung 12: Trendskizze zur Veränderung verschiedener Leistungsfähigkeiten[45]

Wer das Lernen aufgibt, der schießt ein Eigentor: Einmal aus der Übung gekommen, die Motivation verloren, wird es Ihnen mit jedem Jahr schwerer fallen, Neues zu lernen – aber nicht aufgrund Ihres biologischen Alters, sondern aufgrund mangelnder Motivation und Übung; und das kann letztlich tatsächlich zu schlechterer Gedächtnisleistung führen. Ihr Gehirn ist plastisch und behält seine Plastizität bei bis zum Tod – folglich sind Sie auch fähig zu lernen bis zum Tod. Übersicht 3 entlarvt einige Mythen und stellt klar, welche Fakten tatsächlich als gesichert gelten.

Übersicht 3: Mythen und Fakten zu Älterwerden und Lern- und Leistungsfähigkeit	
Mythos	**Fakt**
Im Alter lässt die Leistungsfähigkeit von Menschen nach.	Die meisten Leistungsunterschiede verschieden alter Menschen entstehen durch Persönlichkeitsmerkmale, Tätigkeit und Ausbildung, nicht durch Alter.[46] Auch die Selbsteinschätzung spielt eine Rolle.
Die Leistung des Gehirns nimmt ab dem 25. Lebensjahr ab.	Die Seattle Longitudinal Study zeigte teilweise sogar das Gegenteil: In vier von sechs getesteten Leistungskategorien (Wortschatz, verbales Gedächtnis, räumliches Vorstellungsvermögen und induktives Denken) war die Leistung bei denselben Personen im Alter von 40 bis 56 besser als noch mit 25 Jahren.[47]
Im Alter nimmt die Fähigkeit ab, dazuzulernen.	Verarbeitungsgeschwindigkeit und damit die Lerngeschwindigkeit können im Alter etwas nachlassen – Jüngere lernen oft etwas schneller, aber nicht sehr viel. Ältere Menschen lernen dafür oft besser, weil sie Neues leichter in Vorwissen einordnen können.
Ältere Menschen brauchen andere, spezielle Rahmenbedingungen zum Lernen als jüngere.	Es gibt keine besonderen Lernformen nur für Ältere. Wichtig ist – und das in jedem Alter – gutes Lernen. Ein gutes Umfeld, passendes Lernmaterial oder die stimulierende Aufarbeitung des Lernstoffs zum Beispiel tun älteren wie jüngeren Personen gleichermaßen gut.

Lernen mit fortschreitendem Alter – Lernen gut gestalten

Worauf Sie sich allerdings einstellen können: Sie werden anders lernen. Dieses andere Lernen kann nur funktionieren, wenn Sie selbst ein positives Bild von Ihrem Alterungs- und Entwicklungsprozess sowie Ihrer Lernfähigkeit haben. Wir brauchen gar nicht erst über Bedingungen und Lernformen oder Hilfsmittel zu sprechen, solange Sie eine negative Einstellung zu Ihrer Lernfähigkeit haben und denken »Aufgrund meines Alters kann ich nicht mehr so gut lernen« – das wird eine sich selbst erfüllende Prophezeiung. Dass das Altersbild für den ganzen Alterungsprozess von Bedeutung ist, haben wir schon angesprochen; beim Thema Lernen bekommt dieser Punkt noch einmal eine viel stärkere Bedeutung. Wenn Sie darauf achten, offen für Neues zu bleiben, und bereit sind, Ihr »altes« Wissen zu reflektieren und mit neuem zu verknüpfen, haben Sie beste Voraussetzungen, lange Zeit gut zu lernen. Dabei geht es nicht darum, dass ältere Menschen andere Lernbedingungen oder -formen benötigen würden. Die Kriterien sind für Junge und Ältere dieselben:[48]

1. Die Lehrer- oder Dozentenpersönlichkeit ist häufig entscheidend. Die Lehrperson muss sehr gut und klar kommunizieren können. Sie sollte in der Lage sein, eine emotional wertschätzende, empathische und anerkennende Beziehung zu den Lernenden aufzubauen.
2. Die Lernatmosphäre sollte vor allem auf die Lernchancen fokussieren und »fehlerfreundlich« sein. Sie soll die Kooperation zwischen allen Teilnehmern fördern und die Lust am Lernen stärken.
3. Der Lernprozess sollte durch kurze theoretische Inhalte (so wenig Frontalunterricht und »Lehrmonologe« wie

möglich), viele Praxisübungen, viele Reflexionen zum Gelernten und häufiges Feedback zu den jeweiligen Lernzielen strukturiert werden. Dieses Feedback hilft sowohl den Lernenden als auch dem Dozenten.
4. Die Selbstverantwortung fordern und fördern: Definieren Sie selbst »Was genau will ich lernen?«. Tun Sie das am Anfang einer Weiterbildung, kommunizieren Sie das deutlich und legen Sie Zwischenziele fest.

Zusätzlich gibt es einige Aspekte, die im Lauf Ihrer Entwicklung wichtiger für Ihr Lernen werden und für die Sie mit der Zeit sensibler werden.

Lernen mit Sinn

Je älter Sie werden, desto wichtiger wird die Sinnhaftigkeit der Lerninhalte für Sie werden. Eine von Altersforschern häufig zitierte Geschichte ist folgende: Geben Sie einem 20-Jährigen ein Telefonbuch in die Hand und bitten Sie ihn, es auswendig zu lernen – und er wird fragen »Bis wann?«. Geben Sie einem 50-Jährigen ein Telefonbuch in die Hand und bitten Sie ihn, es auswendig zu lernen – und er wird fragen »Warum?«. Ganz so doof sind die 20-Jährigen natürlich auch nicht; auch sie wollen sinnvolle Dinge lernen. Die Geschichte verdeutlicht nur, dass im Lauf der Jahre die Sinnhaftigkeit des Lernstoffs immer wichtiger wird.

Während Sie sich in jüngeren Jahren vermutlich noch gut Nonsens merken und leicht »unnützes« Wissen ansammeln konnten, werden Sie sich im Laufe der Jahre die Dinge besser merken können, die an vorhandenes Wissen anknüpfen. Ein junger Mensch wird *eher* bereit sein etwas zu lernen, ohne dass dieses Gelernte für ihn einen konkreten Anwendungsbezug zur Arbeit hat. Er wird vielleicht eine Fortbildung absolvieren, weil sie sich gut im Lebenslauf macht, weil sie eine Bewerbung erleichtern könnte, weil sie den Vorgesetzten zufriedenstellt oder weil die meisten seiner Kollegen dies auch getan haben. Er wird die dort angebotenen Inhalte lernen, auch wenn er innerlich nicht völlig von der Sinnhaftigkeit überzeugt ist.

Im Laufe der Jahre rücken andere Aspekte in den Fokus. Der ältere Mitarbeiter wird die Lerninhalte mehr danach auswählen, ob sie ihm den Arbeitsalltag erleichtern können und ihm eine praktische Anwendungsmöglichkeit versprechen. Er wählt (wenn er denn eine Wahl hat) eher Weiterbildungen, von denen er persönlich profitieren kann und deren Effekte er auch in seinem privaten Leben nutzen kann. Doch auch als junger Mensch dürfen Sie sich schon trauen, Ihr Augenmerk auf die Sinnhaftigkeit von Lernstoff und Weiterbildungen zu richten und abzuwägen, was Ihnen selbst wichtiger ist: Lebenslauf oder Sinnhaftigkeit?

Hinterfragen Sie immer wieder Ihr Lernziel: »Wohin soll mich das Gelernte führen? Was werde ich nach dem Lernen anders machen als vorher? Welchen Nutzen schaffe ich damit, für wen, für was? Referenten der beruflichen Weiterbildung ebenso wie deren Teilnehmer tun gut daran, sich zu Beginn und auch immer wieder im Verlauf der Weiterbildung intensiv mit der Sinnfrage zu beschäftigen.

Lernen mit Gefühl

Ebenso wichtig wie die Sinnhaftigkeit scheint mit zunehmenden Jahren ein emotionaler Bezug zum Lernstoff zu sein. Die sensible Phase für das Erlernen von Sprachen dauert etwa bis zum zehnten Lebensjahr an – doch viele Menschen lernen auch viel später noch erfolgreich eine neue Sprache. Wenn beispielsweise zwei 50-jährige Frauen mit gleicher geistiger Fitness beginnen, Portugiesisch zu lernen, dann hängen Lernerfolg und Leichtigkeit beim Lernen auch von ihren Emotionen ab. Nehmen wir an, eine der Frauen möchte sich weiterbilden, um ihre geistige Fitness zu erhalten. Die andere möchte die Sprache lernen, um sich besser mit einem Mann unterhalten zu können, in den sie sich vor Kurzem verliebt hat. Für beide Frauen ist sinnhaft, was sie tun – aber eine hat zusätzlich auch ein starkes emotionales Motiv. Was glauben Sie, wer die Sprache schneller und besser lernen wird?

Wenn Sie sich also voller Elan in ein neues Lernprojekt stürzen, lohnt es sich zu hinterfragen: Was ist meine Motivation? Habe ich ein gutes Gefühl, wenn ich an mein Vorhaben denke, oder lässt es mich emotional eher kalt? Möchte ich das gerne für mich tun? Oder motiviert mich allein meine Vernunft?

Menschen als Architekten des eigenen Gehirns

Sie können sich Ihr Gehirn als Großbaustelle vorstellen: Immer steht irgendwo ein Gerüst, immer wird Leerstehendes abgerissen, Neues gebaut, an Bestehendem an- und umgebaut …

Was Sie als Architekt Ihres Gehirns benötigen, ist Lernkompetenz. Damit bezeichnet man die Fähigkeit, Informationen zu verstehen und in vorhandenes Wissen einzuordnen, mithilfe von Lerntechniken und Strategien, die Sie im Lauf Ihres Lebens entwickeln und als nützlich erkennen. Diese Kompetenz können Sie sich selbst aneignen und ausbilden. Wer seine Lernkompetenz erhöht, verändert in der Folge auch sein Lernverhalten: Mit mehr Lernkompetenz bildet man sich mehr weiter und steigert dadurch wiederum die eigene Lernkompetenz.

Zwischen 40 und 70 ist die Zeit in Ihrem Leben, in der Sie darüber bestimmen, wie Ihr Gehirn im hohen Alter aussehen wird.[49] Dabei ist es laut dem Gehirnforscher Ernst Pöppel wichtig, dass Sie Ihr Gehirn richtig anstrengen, um es fit zu halten – wie einen Muskel, den man trainiert.[50] Auch das Gehirn muss man zur Anregung des Wachstums bemühen, bis es vor Ermüdung aufgibt. Wann haben Sie das zum letzten Mal getan? Um sich geistig in Schwung zu halten, empfehlen Lernpsychologen sechs Strategien, die in Übersicht 4 dargestellt sind.

Lernen und Leben

»Sie werden im Lauf Ihres Berufslebens bestimmt an die zwanzig Arbeitgeber haben.« Mit dieser Aussage schockierte ein Dozent für Personalentwicklung seine jungen Zuhörerinnen und Zuhörer – und machte damit auf eine aktuelle Entwicklung in der Arbeitswelt aufmerksam: Die traditionelle Dreiteilung des Lebenslaufs – Ausbildung, Berufstätigkeit, Ruhestand – ist ein Auslaufmodell. Lern- und Berufsbiografien verändern sich, und während es vor einigen Generationen noch üblich war, sein Leben lang bei einem Arbeitgeber zu verweilen und Aufstiegschancen innerhalb des Betriebs zu nutzen, wird es künftig immer häufiger wechselnde Tätigkeiten geben. Eine Karriere bei nur einem Arbeitgeber wird nicht mehr Normalität sein. Folglich werden auch eine Ausbildung und einige Weiterbildungen am Anfang des Berufslebens zukünftig nicht ausreichen. Bildung kann zeitlich nicht mehr auf den Beginn der Berufsbiografie beschränkt werden. So empfiehlt die Akademiengruppe Altern in Deutschland, die Berufsbiografie immer wieder mit kleinen Inseln der Weiterbildung zu durchsetzen.[52] Auch wenn Unternehmen und

Übersicht 4: Use it or lose it – So legen Sie den Grundstein für geistige Fitness, egal in welchem Alter[51]	
Den Geist bewegen	Wer in jungen Jahren eine gute Bildung genießt, ist später im Vorteil. Auch die Freizeitgestaltung macht viel aus: Neues zu lernen, zum Beispiel den souveränen Umgang mit neuen Medien, hält den Geist fit.
Den Körper bewegen	Bewegung trainiert nicht nur den Körper, sondern nachweislich auch den Geist. Verschiedene mentale Prozesse verbessern sich, wenn Sie Ausdauersport treiben. Aber es muss nicht gleich Leistungssport sein: Schon zügiges Gehen lässt im Gehirn die Neuronen tanzen. Die Hauptsache ist, Sie bewegen Ihren Körper regelmäßig.
Für Abwechslung sorgen	Ein Gehirn, das immer mit der gleichen Aufgabe gefordert wird, zum Beispiel mit Kreuzworträtseln oder dem gerade modernen »Gehirnjogging«, muss mit der Zeit weniger Energie für diese Aufgabe aufwenden. Es lernt zunächst, aber in der Folge wird es faul. Damit das Gehirn angeregt wird und neue Verbindungen erstellt, braucht es wechselnde Herausforderungen.
Lebensführung beachten	Bewegung, ausgewogene Ernährung, seelische Ausgeglichenheit und guter Schlaf. Die klassischen Säulen der Gesundheitsförderung wirken gleichermaßen auf Ihren Geist wie auf Ihren Körper.
Soziale Kontakte pflegen	Pflegen Sie zwischenmenschliche Kontakte. Sei es der persönliche Kontakt, bei dem Sie sich direkt mit anderen austauschen, oder ein Kontakt über digitale soziale Netzwerke: Das Auseinandersetzen mit anderen Menschen, Ideen – und im Fall der digitalen Netzwerke auch mit neuen Medien – ist gut für Ihre Denkfähigkeit.
Engagieren Sie sich	Vereinen Sie die positiven Effekte von geistiger Aktivität, Abwechslung und sozialen Kontakten. Forscher fanden in einer Studie heraus, dass Menschen über 55, die sich sozial engagierten, seltener unter Depressionen litten und ihr Gedächtnis sowie die Steuerung ihres Verhaltens, ihre Problemlösefähigkeiten, das Planen und das Regulieren von Emotionen verbesserten.

Schulen zur Zeit noch nicht gut darauf vorbereitet sind: Wir sollten unsere Berufs- und Lernlaufbahn gestalten und einfordern, was wir für sinnvoll halten, anstatt auf Angebote von außen zu warten.

Lebenslanges Lernen ist kein Horrorszenario, sondern eine Chance, die heute schon viele nutzen, um in ihrem Beruf neue Akzente zu setzen, um ihre persönliche Entwicklung zu fördern und damit ihre Potenziale mehr zu entfalten.

Mit 50 noch einmal ein neues Arbeitsfeld finden?

Immer mehr Menschen zeigen, dass sie auch in der Lebensmitte noch einen völlig neuen Beruf erlernen und erfolgreich ausüben können. So sind Biografien dokumentiert, in denen beispielsweise der Lehrer zum Informatiker wird, der Drucker zum Altenpfleger oder die Altenpflegerin zur Logopädin. Diese Umschulungen sind meist mit großem finanziellem und zeitlichem Einsatz verbunden. Wie hoch aber ist der Preis, zehn oder gar zwanzig Jahre in einem ungeliebten Job zu verbringen? Andere suchen nach Wegen, die es ihnen ermöglichen, die neue Tätigkeit mit den Erfahrungen und dem Wissen aus dem alten Beruf zu verbinden. So wie Michael Seimetz. Er ist 51 Jahre alt und seit über 15 Jahren leitender Physiotherapeut einer großen neurologischen Klinik. Während der letzten Jahre bemerkt er bei sich Ermüdungserscheinungen in seinen beruflichen Routinen. Er behandelt Patienten mit Halbseitenlähmungen, Querschnittsgelähmte und Patienten mit schwersten Hirnverletzungen. Die Arbeit fordert ihn körperlich wie seelisch sehr, und er befürchtet, diese Art der Arbeit nicht noch weitere 15 Jahre mit Freude und Engagement ausüben zu können. Eine völlig neue Berufsausbildung kommt für ihn aus finanziellen Gründen nicht infrage. Außerdem hat er viel wertvolles Fach- und Erfahrungswissen angesammelt und möchte darauf auch in einem neuen Job aufbauen können. Nach längerer Suche findet Seimetz eine Möglichkeit, sich zum PhysioCoach zu qualifizieren. In dieser Weiterbildung haben Personen, die über eine Berufsausbildung im Gesundheitswesen verfügen, die Chance, sich mithilfe von Beratungs- und Coachingmethoden ein neues Arbeitsfeld in der Prävention und Therapie zu schaffen. Obwohl sich die dort gelehrten Arbeitsweisen von den physiotherapeutischen Verfahren deutlich unterscheiden, findet sich Seimetz schnell in die neue Denk- und Handlungsweise ein. Besonders wertvoll ist für ihn dabei, dass er an sein Fachwissen als Physiotherapeut anknüpfen und somit seine Erfahrungen aus dem Therapiebereich sinnvoll im neuen Arbeitsbereich weiter nutzen kann. Das wäre bei einer völlig neuen Ausrichtung nicht möglich gewesen. Er lernt mit Freude, entdeckt ungenutzte Potenziale und findet mit 53 Jahren noch einen neuen Arbeitgeber, der die Kombination aus langjähriger therapeutischer Erfahrung und dem aktuellen Wissen in Beratungsmethoden zu schätzen weiß. Zudem verdient er im neuen Job deutlich besser als vorher.

In den USA wie in Deutschland brechen immer mehr Menschen mittleren Alters noch einmal auf, sich neu zu orientieren und einen neuen Weg im Beruf einzuschlagen. Während diese Leute sich und ihre Projekte in den USA stolz auf Internetplattformen präsentieren und ihre neuen Erfolge laut kundtun, geschieht dies hier in Deutschland eher still. Klar, einen neuen Beruf oder eine umfangreiche Weiterbildung zu absolvieren beinhaltet häufig auch ein finanzielles und zeitliches Risiko. Nichts Neues zu lernen und in alten Routinen und Businessmodellen zu verharren, ängstlich abwartend, ob sie wohl bis zum Ende des Berufslebens tragen, kann jedoch auch ermüdend, zermürbend und schlicht langweilig sein. Nichts Neues zu lernen stellt aus unserer Sicht das größere Risiko dar.

Reflexion 12: Lernziele

- Was möchte ich gerne lernen?
- Auf welche Themen habe ich Lust und welche bringen mich meinen Zielen näher?
- Warum will ich das lernen? Was wird anders sein, wenn ich das kann?
- Was bin ich bereit für mein Lernziel zu investieren (Zeit und Geld)?
- Was ist mein Lernziel für das nächste Jahr, für die nächsten fünf Jahre, für die nächsten zehn Jahre?

Kollege Gefühl: Wie gehe ich mit ihm um?

»Den stärksten Anlass zum Handeln
bekommt der Mensch immer durch Gefühle.«
Carl von Clausewitz

»Jetzt bleiben Sie doch bitte mal sachlich.« – »Regen Sie sich doch nicht so auf.« – »Nehmen Sie nicht immer alles gleich so persönlich.« – »Frau Meier ist immer so emotional.« Haben Sie selbst in letzter Zeit einen solchen oder ähnlichen Satz im Gespräch mit Kollegen gehört, selbst formuliert oder zumindest gedacht? Falls ja, befinden Sie sich in guter Gesellschaft mit Führungskräften und Mitarbeitern der unterschiedlichsten Hierarchieebenen und Branchen. Diese und viele ähnliche Sätze fallen unabhängig vom Alter der Betroffenen täglich. Sie repräsentieren die Einstellung vieler, Gefühle im Beruf seien störend und unangemessen. Der Arbeitsplatz ist für viele gleichbedeutend mit einem Ort der Sachlichkeit, des Handwerks, der Berechnungen, der Prozessgestaltung und Ergebnismessung. Hier wirken sich Gefühle nur störend aus und behindern den reibungslosen Ablauf. Sachlichkeit scheint ein Qualitätsmerkmal und oberstes Gebot in Fachdiskussionen, bei Personalentscheidungen, Teambesprechungen, der Arbeitsorganisation und anderen beruflichen Prozessen zu sein. Eine sachliche Diskussion gilt als gute Diskussion, eine emotionale Debatte als unfruchtbar.

Warum Gefühle im Beruf noch nicht salonfähig sind

Scheuen wir grundsätzlich den Umgang mit Gefühlen oder ängstigen wir uns vor zu starken Gefühlsäußerungen, die nicht mehr beherrscht werden können? Keine Frage: Wenn Gefühle zu mächtig werden, dann können sie auch destruktiv werden. Wenn die Vorsicht zur Angst mutiert, wenn aus Sicherheitsbedürfnissen Unbeweglichkeit resultiert oder wenn Leidenschaft zu Fanatismus hochkocht, dann können Gefühle am Arbeitsplatz Schaden anrichten. Je länger allerdings Gefühle wie Ärger oder auch Enttäuschung unterdrückt werden, desto größer wird die Gefahr, dass sie Auswüchse annehmen, die schwer zu beherrschen sind. Die kleine unausgesprochene Unzufriedenheit rollt wie ein Schneeball munter weiter, bis sie die Wucht einer Lawine entwickelt, um dann vielleicht völlig unkontrolliert als Aggression zu einem unpassenden Moment und am falschen Ort zu detonieren.

> **Emotion:** Innere Empfindung – kann affektive Erfahrungen wie Gefühle bewirken, kognitive Prozesse und physiologische Anpassungen an die erregungsauslösenden Bedingungen in Gang setzen und zu Verhaltenskonsequenzen führen.
>
> **Gefühl:** Subjektives Erleben als Teil einer Emotion (körperlich und psychisch).
>
> **Affekt:** Plötzliche Gefühlsregung mit starken Emotionen und körperlichen Begleiterscheinungen, beeinträchtigt oft die Handlungskontrolle.

Manchmal stört es ja auch nur, wenn andere Gefühle haben, die wir nicht verstehen, nicht teilen möchten oder gar ablehnen. Hier ist also nicht das Gefühl das Problem, sondern lediglich die mangelnde Übereinstimmung zwischen verschiedenen Personen. Solange sich mehrere Kollegen gemeinsam über einen Dritten ärgern, scheint dies für diese Gruppe im Gespräch miteinander kein Problem zu sein. Erst wenn ein anderer ganz anders fühlt als der Rest des Teams, glaubt man, denjenigen zurechtweisen zu müssen wegen der Unangemessenheit seiner Gefühle. Dürfen wir Gefühle also nur äußern, solange wir uns der Zustimmung der anderen sicher sein können, müssen sie aber verbergen, sobald wir mit andersartigen Reaktionen konfrontiert werden könnten?

Ein weiterer Grund für den Wunsch nach Verbannung von Gefühlen aus der Arbeitswelt dürfte die Angst (schon wieder ein Gefühl) vor Verwundbarkeit sein. Wenn ich mich damit oute, dass ich enttäuscht bin, dann offenbare ich meine Sensibilität in einem bestimmten Bereich und gebe dem Gegenüber preis, wo es mich am ehesten treffen kann. Könnte das vielleicht missbraucht werden?

Nicht selten fühlen sich Menschen überfordert und auch hilflos, wenn sie mit Gefühlen anderer konfrontiert werden. Sowohl eine weinende Mitarbeiterin als auch der cholerische Ausbruch eines Vorgesetzten – beides dürfte die Kollegen vor die Frage nach der angemessenen Reaktion stellen.

Verständlich, wenn Menschen solchen Situationen lieber aus dem Weg gehen, aber ist die Vermeidung die Lösung? Zunächst einmal sollten wir uns klarmachen, dass wir keine Chance haben, im Berufsleben ohne Emotionen auszukommen. Ebenso wenig wie Sie Ihren Körper an der Pforte Ihres Unternehmens abgeben können, können Sie Ihre Gefühle zu Hause lassen. Gefühle kann man nicht nicht haben. Sie spielen immer eine Rolle, auch und gerade wenn wir sie nicht äußern oder sogar versuchen, sie zu unterdrücken.

Die Rehabilitation von Gefühl und Intuition

Wenn Sie in Ihrem Job Entscheidungen treffen müssen, dann brauchen Sie Ihr Gefühl und auch das Vertrauen in Ihre Gefühle. Die neurobiologische Forschung belegt, dass Menschen nur dann gute Entscheidungen fällen können, wenn sie ihre Emotionen und ihre Intuition berücksichtigen.[53] Intuition kann auch als »gefühltes Wissen« oder geballte nonverbale Erfahrung beschrieben werden. Sie ist weder esoterisch noch typisch weiblich oder gar nur Künstlern vorbehalten. Sie sammeln Ihr ganzes Leben lang Erfahrungen, die Ihr Gehirn auch ohne sprachliche Repräsentanz abspeichert. Diese Erfahrungen vermitteln Ihnen ein diffuses Gefühl für gut oder schlecht, aber Sie können es häufig nicht konkret benennen und schon gar nicht begründen. Je länger Sie in einem bestimmten Berufsfeld arbeiten, desto dichter gefüllt ist dieser »Erfahrungsspeicher«, in dem Arbeitsinhalte mit Gefühlen vernetzt sind. Sie wissen also mehr, als Sie begründen können.

Ein jüngerer Mitarbeiter wird sich sicherer fühlen, wenn er sich auf Sachargumente von außen stützen kann. Ein älterer Mitarbeiter dagegen kann sich eher auf seine Intuition verlassen. Das Problem ist hier: Bei Kopfentscheidungen können Sie sich auf Zahlen und Daten stützen: »Die Prognose der Beratungsfirma von 10 Prozent Marktzuwachs sollte uns dazu veranlassen, das Segment zu vergrößern.« Wenn sich die Entscheidung als falsch erweist, weil die Erwartung nicht eintrifft, können Sie immer noch auf die prognostizierten 10 Prozent verweisen. Wenn Sie aber sagen: »Ich habe kein gutes Gefühl, wenn wir gerade jetzt vergrößern«, dann müssen Sie die ganze Verantwortung für diese Entscheidung selbst tragen. Um dieser Verantwortung zu entgehen, wird dann manchmal die vernunftorientierte statt der erfahrungs- und gefühlsbasierten Entscheidung gewählt. Leider.

Selbstverständlich garantieren Gefühle keineswegs die positiven Konsequenzen einer Entscheidung. Wie sehr sie auch in die Irre führen können, haben wir schmerzlich an der weltweiten Bankenkrise erleben müssen. In einer Branche, die von Zahlen, Daten und Fakten lebt, in der der erfolgreiche Mitarbeiter als klarer, rationaler Denker und Analyst gilt, spricht man wohl kaum über Gefühle. Das bedeutet aber keineswegs, dass sie nicht existent sind. Die fatalen Fehleinschätzungen, die zu dem globalen Desaster führten, sind eng verwoben mit den Phänomenen Gier, Selbstüberschätzung und Größenwahn. Das Gefühl der Gier entstand vielleicht ursprünglich nur aus dem verständlichen Wunsch nach bester materieller Absicherung. Selbstüberschätzung konnte erwachsen aus ungezügelter Zuversicht und einem Mut, der die Grenze zum Übermut ohne jegliche Kontrolle passieren konnte. Wir vermuten, dass solche Gefühle in den Banken bis heute nicht offengelegt und diskutiert werden. Selten benennen Kollegen oder gar Vorgesetzte offen und wohlwollend, wenn sie beobachten, dass beispielsweise Engagement in zügellosen Ehrgeiz übergeht. Vielleicht ist das kein Wunder, wenn auch Führungskräfte selbst häufig einen unreflektierten Umgang mit ihrer Gefühlswelt pflegen. Sind sie nicht gewöhnt oder sogar schon dressiert darauf, ihre Gefühle in den Untergrund zu drängen? Dort können sie unbeachtet und unkommentiert bizarre Blüten treiben, bis hin zu einem Wildwuchs, der am Ende schwer zu kontrollieren sein wird.

Gefühle beeinflussen die seelische *und* die körperliche Gesundheit sowie die Leistungsfähigkeit

Befindlichkeit und Gefühle steuern unser Verhalten. Sie wirken sich auf Konzentrationsfähigkeit, Kreativität und geistige Prozesse ebenso aus wie auf körperliche Prozesse: Muskelaktivität, Körperhaltung, Atmung und viele biochemische Vorgänge des Körpers folgen unserer Stimmungslage.

So geht beispielsweise das Gefühl des Ärgers mit einer Erhöhung der Muskelspannung im Schulter-Nacken-Bereich einher. Dies ist kein Problem, wenn der Ärger nur kurzfristig auftritt und anschließend eine Phase der Ausgeglichenheit und der Leichtigkeit eintritt, in der sich die Muskelspannung wieder normalisieren kann. Bleibt der Ärger dauerhaft bestehen, kann sich aufgrund der Muskelreaktion die Körperhaltung verändern. Diese Fehlhaltung kann eine Reihe biologischer Veränderungen der Wirbelsäule und anderer Organe nach sich ziehen. Langfristig kann der unterdrückte Ärger Ihre Wirbelsäule schädigen – Sie werden krank. Mit dem Satz »Verspannungen sind eingefrorene Tränen« beschreiben Therapeuten den engen Zusammenhang zwischen der Unterdrückung einer Gefühlsäußerung und der muskulären Reaktion. Viele Physiotherapeuten kennen das Phänomen, dass Patienten mit chronifizierten Schmerzen die Tränen kommen, wenn es gelingt, eine Muskelanspannung zu lösen. Die Betroffenen beschreiben diesen Tränenfluss als physische und psychische Erleichterung. Nicht selten ist ein solcher Moment für diese Patienten auch der Anlass, über ihre Gefühle zu sprechen. Im Moment der körperlichen Entspannung sind sie Ihren Gefühlen am nächsten.

Versuchen Sie sich zu erinnern, wie es sich anfühlte, als Sie eine starke Gefühlsäußerung wie beispielsweise Lachen oder

Weinen unterdrücken wollten, damit Ihr Gegenüber keine Gefühlsregung an Ihnen wahrnehmen konnte. Dies bedarf hoher muskulärer Aktivität. Sie beißen die Zähne aufeinander, Sie stellen den Brustkorb und den Kehlkopf eng, Sie unterdrücken Ihren Atem, Sie ziehen die Schultern hoch und spannen Rücken und Nacken an. Dieses »Hartmachen« dient der Unterdrückung des unerwünschten Gefühls. Das fühlt sich richtig schlecht an. Wir wünschen Ihnen, dass Sie es auch genauso spüren. Denn nur dann, wenn Sie es wahrnehmen, können Sie auch entscheiden, wie Sie damit umgehen wollen. Bleibt die Spannung unbewusst und unbemerkt, schädigt sie im Laufe der Zeit Ihren Körper.

Diese körperlichen Reaktionen laufen selbstverständlich auch bei weit weniger starken Gefühlen ab. Der Körper sammelt und speichert alle emotionalen Erfahrungen – er vergisst nichts.

Selbstverständlich bedeutet die Einladung, offener mit Gefühlen umzugehen, keinen Freibrief für verbale Aggressionen, Wutausbrüche oder Kränkungen. Kurzfristig und situationsgebunden kann es richtig und nützlich sein, Gefühle vor anderen Menschen zu verbergen. Langfristig sprechen unterdrückte Gefühle »Organdialekt«; der Körper nutzt seine Sprachmöglichkeiten: Die nicht geäußerten Gefühle sitzen im Genick, sie lasten auf den Schultern, sie drücken auf den Magen. Wer tagsüber den Kopf in den Sand steckt und versucht seine Gefühle zu ignorieren, der knirscht nachts mit den Zähnen. Die Schiene, die der Zahnarzt dann verordnet, unterdrückt nur das Signal, behebt aber nicht die Ursache.

Gefühlsmanagement in drei Schritten

Die Forderung nach strikter Sachlichkeit bis hin zur »Emotionsneutralität« ist also schlicht Unsinn. Es geht darum, Gefühle im Entstehen bei sich selbst und anderen deutlicher wahrzunehmen und sie angemessen zu äußern. Sie können Gefühle nutzbringend in der Interaktion mit anderen Menschen einsetzen und sie sowohl zur Steigerung der Leistung und der Motivation als auch zur Förderung von Gesundheit nutzen.

Im Prozess des Älterwerdens gehört die Fähigkeit zur Emotionsregulation zu den wichtigsten Entwicklungsfeldern. Während Ihre biologischen Funktionen ganz langsam aber stetig abbauen, können Sie lernen, immer besser mit Ihren Gefühlen und denen der anderen umzugehen. Sie können hier immer besser werden, von Jahr zu Jahr. Vorausgesetzt, Sie üben, Ihre Gefühle wahrzunehmen, Sie trainieren erwünschte Gefühle und Sie lernen, sie angemessen zu kommunizieren.

Gefühle wahrnehmen

Sie wissen genau, was Sie fühlen? Wirklich? Das ist gar nicht selbstverständlich. In der Geschwindigkeit des Berufsalltags kommt es zu Verwechslungen: Das Bedürfnis nach einer Pause wird als Hunger interpretiert, Frustration wird in Genusssuche verwandelt, das Bedürfnis nach Anerkennung wird hinter ständiger Leistungsbereitschaft versteckt, die Enttäuschung über die eigene Mangelleistung wird als Ärger über die schlechte Kooperation im Team gedeutet. Dies alles kann passieren, wenn Sie Signalen zu wenig Aufmerksamkeit schenken und sie dadurch fehlinterpretieren.

Um sich gut zu fühlen, brauchen Sie einen guten Kontakt

zu Ihrem Körper, etwas Ruhe und etwas Zeit. Nur wer die körperlichen Signale wie beispielsweise Muskelspannung, das blockierte Kiefergelenk, Herzklopfen oder den veränderten Atemrhythmus fühlen kann, der kann Zugang zu seinen Gefühlen bekommen, denn jedes Gefühl hat seine körperliche Entsprechung. Dieser körperlichen Wahrnehmung wird eine seelische Bedeutung verliehen: Mein Magen knurrt – ich habe Hunger. Nicht immer sind Gefühle so einfach zu deuten wie dieses. Zum Beispiel ist bei »Schmetterlingen im Bauch« nicht immer klar, ob es sich um Vorfreude oder vielleicht auch Angst oder gar um beides handelt. Um diese Signale wahrzunehmen und richtig zu deuten, muss der Körper entspannt sein. Eine Übung dazu finden Sie im unten stehenden Textkasten. Je häufiger Sie diese kurze Übung durchführen, desto mehr werden Sie lernen, den Körper deutlicher zu spüren und einen besseren Kontakt zu Ihren Gefühlen und Bedürfnissen aufzubauen. Interessant dabei ist, dass alleine die Beobachtung schon Veränderungen mit sich bringt.

Übung: Entspannen und den Körper wahrnehmen

Legen Sie sich bequem hin. Schließen Sie die Augen und richten Sie Ihre Aufmerksamkeit auf Ihren Körper: Wie fühlt sich der Kontakt des Körpers zur Unterlage an? Wo liegt der Körper fest und klar am Boden und wo spüren Sie eher Hohlräume zwischen Unterlage und Körper? Was tun gerade Ihre Kiefergelenke? Sind sie fest aufeinander gebissen oder eher locker? Wie fühlen sich die Schultern an? Können Sie sich in den Schultern loslassen? Wie fühlen sich die Muskeln des Gesichts an? Wie fühlen Sie sich körperlich? Welche Gefühle entstehen beim Beobachten des Körpers? Welche Bedürfnisse können Sie bei sich wahrnehmen?

Selbstverständlich können Sie den Zugang zu Ihren Gefühlen auch über innere Zwiegespräche finden. Hinterfragen Sie Ihre Gefühle zu bestimmten Situationen einmal mit folgenden Bildern: »Welche Farbe entsteht vor meinem inneren Auge, wenn ich an Situation X denke?«, »Welches Bild (Tier, Pflanze, unbelebte Natur) tut sich auf, wenn ich mich mit Plan Y beschäftige?« oder »Welche Musik entspricht meinem aktuellen Gefühl?« Manchmal helfen solche Metaphern (die Sie natürlich für sich deuten müssen), Gefühle besser wahrzunehmen, als dies mit unseren alltäglichen Denkvorgängen möglich ist. Ein Teilnehmer in einem Seminar erklärte, dass er häufig solche Selbstgespräche führe, denn er liebe es sehr, sich mit intelligenten Menschen zu unterhalten.

Gefühle trainieren

»Ich kann doch nichts für mein Gefühl. Das kommt einfach so über mich, und ich kann nichts dagegen tun.« – »Mein Chef, mein Kollege ist schuld daran, dass ich so wütend, traurig oder aggressiv bin.« Solche Sätze hören wir häufig von unseren Klienten. Wir widersprechen: Wer, wenn nicht Sie, ist verantwortlich für die dominierenden Gefühle in Ihrem Leben? Wir sprechen an dieser Stelle ausdrücklich nicht von Gefühlen, die in Zusammenhang mit psychischen Erkrankungen stehen, sondern es geht ausschließlich um die Gefühlsregulation von Gesunden. Gefühle werden stärker, ebenso wie ein Muskel, wenn sie häufig aktiviert werden. Dabei spielt es überhaupt keine Rolle, ob dies bewusst oder unbewusst geschieht. Ebenso wie Sie Ihre Bauchmuskeln trainieren oder vernachlässigen können, können Sie bestimmte Gefühlszustände durch Training aktivieren beziehungsweise durch Vernachlässigung schwächen. Das Prinzip ist dasselbe.

Nachdem Sie sich durch Ihre verbesserte Gefühls- und

Körperwahrnehmung mehr Klarheit in ihrem Erleben verschafft haben, können sie nun Ihren Trainingsplan erstellen: Gefühle denken, sprechen, sehen, hören, fühlen und bewegen.

Wie das ablaufen kann, zeigen wir im Folgenden an einem Trainingsbeispiel: Eine junge Ärztin spürt immer wieder Ärger über sich selbst, weil sie es bei Teambesprechungen nicht wagt, ihrem Chefarzt zu widersprechen, obwohl sie gute Gründe dafür hätte. Bei der Wahrnehmung ihrer Körpergefühle hat sie festgestellt, dass sie sich in dieser Situation klein und schwach fühlt und sich daher kaum zu Wort meldet. Sie bemerkt, dass sie dieses Muster »klein und schwach« auch in vielen anderen Situationen erlebt.

Ein persönliches Motto erstellen

Nun erstellt sie zunächst ihr alternatives Wunschmuster, das an diese Stelle treten soll. Sie sucht nach einer (inneren) Formulierung, die ihr entspricht und mit der sie sich absolut wohlfühlt. Wie möchte sie sich in einer solchen Situation fühlen, wie handeln? »Ich fühle mich klar, freundlich und bestimmt« oder »Ich fühle mich sicher und gelassen« oder »Ich trau mich was«. Bedeutsam ist, dass sie eine Formulierung findet, die keine inneren Widerstände in ihr erzeugt, sondern eine, bei der Vernunft und Gefühl sagen: »Ja, genau, so will ich mich fühlen!« Sie erstellt einen inneren Slogan, der sie die nächsten Monate in vielen Lebenssituationen begleiten wird. Ähnlich einem Firmenslogan wie beispielsweise das bekannte »Freude am Fahren«, macht sie jetzt in ihrem eigenen Gehirn Werbung für ein neues Gefühlsmuster. Die Werbung der Industrie bezieht sich allerdings nicht nur auf Wörter, sondern sie nutzt auch Bilder, Geräusche und Musik. Und sie weiß auch, warum. Denn damit erreicht sie genau die (unbewussten) Teile des Gehirns, die für die Verwaltung der Gefühle zuständig sind, und diese Gefühle steuern nun einmal die meisten Kaufentscheidungen, nicht die Vernunft.

Das passende Bild dazu auswählen

Daher kann der nächste Schritt beinhalten, dass die Ärztin sich ein Bild sucht, das für sie ihren Slogan repräsentiert, zum Beispiel ein Tier, eine Pflanze oder auch ein Symbol. Die Farben und Strukturen des Bildes sollten sie ansprechen und nur mit positiven Körpergefühlen verbunden sein. Das wird nun ihr persönliches Logo. Sie installiert es auf dem Display ihres Handys, auf dem Desktop ihres PCs, sie hängt es als Bild an die Wand oder stellt es auf ihren Schreibtisch. Sobald ihr Blick – ob bewusst oder unbewusst – auf dieses Bild fällt, gelangt die damit verbundene Information von den Augen in 200 Millisekunden in die Kommandozentrale ihres Gefühlslebens im Mittelhirn und signalisiert das Wunschgefühl, zum Beispiel »Ich trau mich was«. Das dazu ausgewählte Bild (zum Beispiel eine Katze, die sich selbstbewusst vor einem großen Hund aufbaut) hinterlässt eine Spur im Gehirn und verändert es allmählich.

Wenn sie den Veränderungsimpuls noch verstärken möchte, sucht sie nun ein Geräusch oder ein Musikstück aus, das für sie ebenfalls den Slogan und damit das gewünschte Gefühl repräsentiert. Das könnte beispielsweise die Musik aus der Oper Aida, der Einzug der Gladiatoren sein. Sie könnte sie auf ihr Smartphone laden und sich jeden Morgen damit wecken lassen, sie könnte es als Klingelton nutzen oder als Pausenmusik einsetzen.

Bewegungsrituale unterstützen

Ein weiteres Trainingsgerät für Gefühle ist der Körper mit seinen Bewegungsmöglichkeiten. Wenn es Ihnen nicht gut geht, dann gehen Sie doch einmal so, als ob es Ihnen gut ginge; und Sie werden feststellen, dass sich Ihre Stimmung aufhellt. Bewegungen und Körperhaltungen können starke Trigger für bestimmte Gefühle sein. Der Cartoonist Charles M. Schulz hat dies schon 1960 hervorragend in einem seiner Charlie Brown-Comics auf den Punkt gebracht: Charlie Brown steht ganz gebeugt und mit hängendem Kopf da, und er sagt zu seiner Freundin Lucy: »So steh ich, wenn ich deprimiert bin. Wenn du deprimiert bist, ist es ungeheuer wichtig, eine ganz bestimmte Haltung einzunehmen … Das Verkehrteste, was du tun kannst, ist aufrecht und mit erhobenem Kopf dazustehen, weil du dich dann sofort besser fühlst. Wenn du also etwas von deiner Niedergeschlagenheit haben willst, dann musst du so stehen.« Heute belegen die Forschungsarbeiten der Psychologen und Neurobiologen, dass Charlie Brown völlig Recht hatte.[54] So wie Ihre Gefühle Körperhaltung und Bewegung verändern, so können Bewegungen ebenfalls Gefühle verändern.

Unsere Ärztin aus dem Beispiel könnte also lernen, eine ganz bestimmte Körperhaltung einzunehmen oder eine bestimmte Geste auszuführen, die sie mit ihrem Slogan verbindet. Sie richtet den Rücken auf, strafft die Schultern und macht eine deutliche Bewegung mit beiden Händen, um sich Raum zu schaffen. Dieses kleine und kurze Bewegungsritual führt sie nun täglich durch, insbesondere kurz vor der morgendlichen Teambesprechung. Das Phänomen, dass Körperhaltungen und -bewegungen auch die innere Haltung beeinflussen, wird mit dem Begriff Embodiment beschrieben. Die Psychologin Maja Storch hat in ihrem Zürcher Ressourcenmodell diese Vorgehensweise in Kombination mit anderen Aspekten zu einer effektiven Selbstmanagement-Methode verarbeitet.[55] Die Wirkungsweise konnte in verschiedenen Studien belegt werden.[56]

Gefühle kommunizieren

»Die Grenzen meiner Sprache bedeuten die Grenzen meiner Welt.«

Ludwig Wittgenstein

Sie fühlen sich verletzt, übergangen, ungerecht behandelt und Sie schweigen dazu? Häufig werten Kollegen und Vorgesetzte dieses Schweigen als Zustimmung. So laufen Sie Gefahr, dass das Verhalten, das Sie gefühlsmäßig getroffen hat, immer wieder auftreten wird. Ein kleiner Ärger, der nicht kommuniziert wird, kann wie eine kleine unruhige Katze im Unterbauch allmählich mit jeder weiteren noch so kleinen Kränkung anwachsen, bis er das Format eines nicht zu bändigenden Tigers erreicht. Der steht dann irgendwann kurz unterhalb der Unterlippe und springt unter Umständen bei einem kleinen Anlass mit großer Macht unkontrolliert nach draußen. Ihr Gegenüber reagiert mit Unverständnis – es weiß ja nichts von der fortschreitenden Verwandlung der kleinen Katze in einen Tiger. Sollte der Tiger nicht nach außen explodieren, hat er noch die Möglichkeit zu »implodieren«, das heißt in Ihrem Inneren körperlich wie seelisch Schäden anzurichten. Wäre es da nicht besser, der kleinen Katze im Bauch Auslauf zu geben und die Gefühle zu kommunizieren, solange sie noch gut beherrschbar sind?

Werfen wir doch noch einmal einen Blick auf unsere junge Ärztin, die durch ihr Emotionstraining mit ihrem inneren Motto »Ich trau mich was« und mit dem passenden Bild und einem Bewegungsritual ihre Selbstsicherheit so weit trainiert hat, dass sie nun wagt, ihrem Chefarzt zu widersprechen. Ihr Chef allerdings hat sie bei ihren Beiträgen unterbrochen oder ihre Einwände sogar süffisant kommentiert. Jetzt fühlt sich die Ärztin zwar mutiger, aber gleichzeitig erlebt sie das Verhalten Ihres Chefs als respektlos. Was soll sie tun? Eine kurze

Vorbereitung in vier Schritten kann der Ärztin helfen, sich selbst zu klären und in sachlicher sowie emotionaler Art eine klare und korrekte Rückmeldung an ihren Chef zu geben:

1. Was ist passiert (sachliche Darstellung)?
»Herr Prof. Meier, als wir gestern die neue Organisationsstruktur besprochen haben, hatte ich zweimal den Versuch gemacht, meine Ideen dazu einzubringen. Sie haben mich in beiden Fällen unterbrochen, und ich bekam auch im Verlauf des weiteren Gesprächs keine Gelegenheit, meine Verbesserungsvorschläge darzulegen.«

2. Was fühle ich dabei?
»Ich habe das Gefühl, dass mein Engagement nicht gefragt ist und dass ich mit meinen Beiträgen nicht so respektiert werde wie die älteren Kollegen.«

3. Was sind die Konsequenzen?
»Wenn meine Meinung und meine Ideen nicht gehört werden, dann wird es mir schwerfallen, Motivation und Engagement aufrechtzuerhalten.«

4. Was wünschen Sie sich für die Zukunft?
»Auch als jüngeres Teammitglied wünsche ich mir – ebenso wie alle anderen auch – die Gelegenheit, ausreden zu können, um mich mit meinen Verbesserungsvorschlägen einbringen zu können.«

Diese Stellungnahme der Ärztin ist klar, keineswegs verletzend oder gar unfreundlich. Sie weist nicht ihren Chef zurecht, sondern sie schildert ihr Empfinden und ihre Gefühle zu einem Sachverhalt, und das ist ihr gutes Recht. Wir wissen nicht, wie der Chefarzt jetzt reagieren wird. Je nach Persönlichkeit wird er betroffen sein, weil er so unachtsam war, oder er wird auch über diesen Beitrag seiner Kollegin lapidar hinweggehen. Sie können durch die Art Ihrer Kommunikation nicht andere Menschen verändern, aber Sie können die Chance, gehört zu werden, deutlich erhöhen. Und – das dürfte für Ihre Selbstachtung bedeutsam sein – Sie nehmen eine empfundene Respektlosigkeit nicht unwidersprochen hin.

Es lohnt sich, die vier beschriebenen Schritte öfter zu durchdenken und zu üben – auch bei Kleinigkeiten. Die einzelnen Schritte helfen in der Vorbereitung der inneren Selbstklärung (Was fühle ich wirklich? Was wünsche ich vom anderen?) und erleichtern es dem Gegenüber, Sie besser zu verstehen.

Wenn Sie auch positive Gefühle häufig und klar kommunizieren, dann verstärken Sie damit bei sich und anderen die gute Stimmung. Wenn Sie Freude, Humor, Dankbarkeit, Wertschätzung oder Anerkennung zeigen, erhöhen Sie die Wahrscheinlichkeit, dass das Verhalten, das diese Gefühle ausgelöst hat, sich wiederholt.

Gefühle kommunizieren

- Sie freuen sich: Teilen Sie mit, warum.
- Sie sind wütend: Benennen Sie das Bedürfnis, das nicht befriedigt wurde.
- Sie sind stolz auf eine Leistung: Würdigen Sie Ihren Anteil und die Anteile der anderen.
- Sie fühlen sich gekränkt: Benennen Sie die Umstände, die dazu geführt haben.
- Sie sind dankbar für eine Unterstützung: Sprechen Sie es aus.
- Sie fühlen sich überfordert: Stehen Sie dazu oder bitten Sie um Hilfe.

Gefühle zu kommunizieren bedeutet nicht, anderen Vorwürfe zu machen oder sie zu maßregeln. Es bedeutet vielmehr, Verantwortung zu übernehmen: »Ich« fühle … »Mir« geht es … »Ich« brauche … Anstatt stillschweigend zu erwarten, dass andere Ihnen die Wünsche von den Augen ablesen, benennen Sie sie klar und deutlich. Bei fast allem, was Sie sachlich sagen, kann Ihr Gegenüber Ihnen widersprechen. Niemals jedoch kann jemand Ihrem Gefühl widersprechen. Was Sie fühlen, fühlen nur Sie, und kein Mensch auf der Welt hat das Recht, Ihnen dieses Gefühl abzusprechen.

Es darf auch mal poltern

Die Analyse der Gefühle und die Vorbereitung von Gesprächen sollen und müssen keinesfalls einen Mangel an Lebendigkeit und Spontaneität darstellen. In manchen Situationen kann ein lautes Poltern, ein heftiges Grummeln durchaus auch seinen Platz haben. So hat der Kommunikationspsychologe Friedemann Schulz von Thun in einem Interview[57] behauptet, Führungskräfte müssten nicht immer friedlich und höflich sein, sonst würde es irgendwann *friedhöflich* werden. Wir stimmen zu: Bei aller Besonnenheit im Umgang mit Gefühlen kann in manchen Situationen eine kurze emotionale Hitzewelle angenehmer sein als ein konstant temperierter Raum.

Es geht um den ganz normalen Ärger, die Wut, die Begeisterung, die Freude, die Enttäuschung, die Kränkung oder auch das Glück – also die ganz alltäglichen Gefühle, die uns alle bei unserer Arbeit und im Privatleben begleiten. Je frühzeitiger Sie Ihre Befindlichkeiten und auch die Ihrer Kollegen, Mitarbeiter und Vorgesetzten berücksichtigen, desto eher haben Sie die Chance, mit diesen Gefühlen angemessen umzugehen. Anstatt zerstörerisch zu wirken, können sie dann häufig auch zu einer Quelle von Kraft, Kreativität, Gesundheit und Leistung werden.

Gefühlswahrnehmung, -training und -kommunikation, alles das lernt sich nicht ganz einfach, und es geht vor allem nicht schnell. Es gibt keine Abkürzungen zum Ziel und nicht den schnellen Trick, aber es ist möglich. Ebenso wie Sie Monate und Jahre trainieren müssen, um Ihren Körper in Form zu bringen, so müssen Sie auch Energie, Mühe und Zeit investieren, wenn Sie Ihre Gefühle gut führen wollen. Das Gute daran ist, dass Sie unabhängig vom Alter hier immer besser werden können, und im fortgeschrittenen Alter erst richtig zur Höchstform auflaufen werden. Wenn Sie nicht lernen, Ihre Gefühle zu führen, dann werden Ihre Gefühle eben Sie führen.

Eine gute Betriebskultur im Umgang mit Gefühlen ist die beste Prävention. Das Totschweigen von Konflikten ebenso wie manche Schreierei am Arbeitsplatz sind lediglich Hilferufe von emotional unterzuckerten Mitarbeitern oder Führungskräften.

Gefühle spielen aber nicht nur in der Interaktion am Arbeitsplatz eine entscheidende Rolle, sondern auch im Erleben der Arbeitsqualität.

Arbeitslust steigern

Schmerz vermeiden und Lust gewinnen sind die stärksten Antriebe des Menschen. Vieles was wir tun, steht im Dienste dieser Gefühlsregulation, so auch unsere Arbeit. Um langfristig zufrieden und punktuell auch glücklich im Beruf zu sein, brauchen wir lustvolle Erfahrungen beim Arbeiten – und nicht nur Schmerzvermeidungsstrategien. Der Psychologe Mihaly Csikszentmihalyi beschreibt diese lustvollen Momente mit dem Begriff des »Flows«[58] als einer positiven Emotion, die ganz auf die Gegenwart bezogen ist. Sie erleben dies dann, wenn Sie völlig von Ihrer Arbeit absorbiert sind, wenn Sie weder Raum noch Zeit wahrnehmen und mit Ihrer Arbeit verschmelzen so wie ein Kind, das beim Spielen weder den Ruf der Mutter wahrnimmt noch die einbrechende Dunkelheit. Im Flow, der natürlich zeitlich begrenzt ist, stimmen Herausforderungen perfekt mit Ihren Fähigkeiten überein. In diesen Momenten erleben Sie Ihre Arbeit selbst als Belohnung – und nicht Ihr Gehalt oder das Lob des Vorgesetzten. Sie arbeiten also nicht für eine künftige Belohnung, sondern Ihre Arbeit ist schon die Belohnung.

Leider berichten nur wenige Arbeitnehmer davon, dass sie diesen Zustand öfter erleben. Andererseits zeigen die Forschungsarbeiten von Csikszentmihalyi, dass Menschen von solchen Flow-Erlebnissen überwiegend während ihrer Arbeit und viel weniger in der Freizeit berichten.[59]

Im »Flow« durch Konzentration auf die eigenen Charakterstärken

Martin Seligman, der bekannteste Vertreter der positiven Psychologie[60] zeigt mit seinem Modell der Signaturstärken, wie Menschen im Arbeitsleben zu mehr Flow und dadurch zu mehr Leistung, Zufriedenheit und Gesundheit kommen können. Nach jahrelangem Forschen zum Thema Depression konzentrierte er seine Arbeiten auf die Stärken und Fähigkeiten von Menschen. Er wollte wissen, wie es Menschen gelingt, langfristig im Berufs- und Privatleben zufrieden oder sogar glücklich zu sein.

Seligman identifizierte sechs Kerntugenden, die insgesamt 24 Charaktereigenschaften in sich vereinbaren.[61] Wenn diese Charaktereigenschaften in Ihnen das Gefühl von Echtheit erzeugen (»Ja, das bin ich!«), wenn sie Ihnen Freude, Begeisterung und das Gefühl von Kraft bei Ihrer Arbeit verleihen, dann spricht Seligman von Signaturstärken. Übersicht 5 zeigt die sechs Kerntugenden und die dazugehörigen 24 Charakterstärken. Jeder Mensch verfügt laut Seligman über einige ausgeprägte Signaturstärken. Wenn Sie diese Stärken in Ihrem Beruf einsetzen können, dann können Sie häufiger im Flow arbeiten.

Weisheit und Wissen	*Mut*	*Humanität und Liebe*
1. Neugier und Interesse 2. Lerneifer 3. Urteilskraft und kritisches Denken, geistige Offenheit 4. Erfindergeist, Originalität, praktische Intelligenz 5. Soziale, personale und emotionale Intelligenz 6. Weitblick	7. Tapferkeit und Zivilcourage 8. Durchhaltekraft, Fleiß und Gewissenhaftigkeit 9. Integrität, Echtheit, Ehrlichkeit und Lauterkeit	10. Menschenfreundlichkeit und Großzügigkeit 11. Lieben können und sich lieben lassen
Gerechtigkeit	*Mäßigung*	*Transzendenz*
12. Pflicht, Teamwork, Loyalität 13. Fairness und Ausgleich 14. Menschenführung	15. Selbstkontrolle 16. Klugheit, Ermessen und Vorsicht 17. Demut und Bescheidenheit	18. Schönheitssinn 19. Dankbarkeit 20. Hoffnung, Optimismus 21. Spiritualität, 22. Vergeben können 23. Humor 24. Leidenschaft und Enthusiasmus

Übersicht 5: Charakterstärken/Signaturstärken

Auf der Seite www.charakterstaerken.org können Sie Ihr Stärkenprofil mithilfe eines Tests erstellen. Meistens kristallisieren sich drei bis fünf Signaturstärken dabei heraus.

So wird aus einem Beruf eine Berufung

Damit Ihr Beruf für Sie zur Berufung werden kann, sollte er Ihre Signaturstärken ansprechen. Zusätzlich sollten Sie das Gefühl haben, einen Nutzen mit Ihrer Tätigkeit zu produzieren, der über die Gegenwart hinausreicht. Ein Arzt, der seine Arbeit nur als Job sieht, um seine materielle Existenz zu sichern, hat keine Berufung. Eine Putzfrau in der Klinik dagegen, die ihre Arbeit so betrachtet, dass sie einen wichtigen Beitrag zum Funktionieren des Krankenhauses und auch zum Wohlergehen von Personal und Patienten beiträgt, kann eine Berufung haben.[62]

Was aber, wenn Sie das Gefühl haben, in Ihrem Beruf seien Ihre Stärken nicht gefragt? Den Beruf wechseln? Das ist aus den unterschiedlichsten Gründen häufig nicht möglich. Was Sie aber immer tun können, ist, sich zu hinterfragen, ob Sie nicht Möglichkeiten finden könnten, Ihre Stärken unabhängig vom konkreten Arbeitsauftrag einzubringen. Wie können Sie Ihre Arbeitsprozesse umwandeln, um Ihre besonderen Vorlieben und Fähigkeiten zu leben? Oder falls Sie selbst Arbeitgeber oder Vorgesetzter sind: Wie können Sie Arbeitsabläufe so gestalten, dass sie den Stärken der Mitarbeiter entsprechen?

Wie das gelingen kann, zeigt folgendes Beispiel: Ein Mathematiklehrer berichtet davon, seinen Beruf verfehlt zu haben. Für einen Wechsel sei es nun zu spät, aber er wisse nicht, wie er das noch bis zu seiner Pensionierung aushalten solle. Er langweile sich, jede Woche derselbe Ablauf, er fühle sich von den bürokratischen Regeln der Schule und den Vorgaben des Kultusministeriums regelrecht erstickt. Schüler und Eltern machten ihm das Leben mit ihren ewigen Ansprüchen schwer. Dabei versuche er doch seit Jahren, möglichst korrekt und gewissenhaft zu arbeiten. Er lebe eigentlich nur für die Ferien und in den Ferien. In den letzten Jahren sei er auch oft krank gewesen.

Beim Austesten seiner Signaturstärken stellt sich heraus, dass Humor, Freundlichkeit und Schönheitssinn zu seinen größten Stärken zählen. Er ist keineswegs verwundert: »Dazu brauche ich doch keinen Test. Das wusste ich doch schon vorher, aber als Mathematiklehrer sind diese Eigenschaften nun mal nicht gefragt.« Auf die Frage, wie er denn seine Stärken in die täglichen Routinen einbauen könne, fällt ihm zunächst nichts ein. Erst nach längerem Überlegen und einigen Gesprächen entwickelt er erste Ideen zur Umgestaltung: In Schüler- und Elterngesprächen will er seine Signaturstärke »Freundlichkeit« mehr einsetzen, anstatt wie bisher korrekte Rückmeldungen und fachbezogene Hilfestellungen zu geben. Er will seine Unterrichtsvorbereitung umgestalten, indem er mathematische Probleme und Aufgaben teilweise in humorvolle Texte und Zeichnungen verpackt. So hat er diverse Filmausschnitte der Zeichentrickserie The Simpsons zusammengestellt, die mathematische Probleme in humorvoller und doch anspruchsvoller Weise darstellen. Er nimmt sich vor, gute wie schlechte Klassenarbeiten mit Witz und Humor zu kommentieren, anstatt wie bisher nur Punkte und Noten zu vergeben. Gemeinsam mit einigen Schülern und einem befreundeten Künstler gestaltet er den Klassenraum mit selbstgemalten Wandbildern um. Dem anfänglichen Widerstand der Schulleitung begegnet er freundlich und humorvoll. Jede dieser Umgestaltungen gibt ihm den Impuls für eine weitere Erneuerung.

»Das ist ja ein ungewöhnlicher Ausnahmefall«, werden Sie sagen. Ja, das ist er, und natürlich ist es anspruchsvoll und auch schwierig, eingefahrene Arbeitsabläufe neu zu organisieren. Aber ist es nicht noch viel schwieriger, sich jahrelang unzufrieden und frustriert durch seinen Arbeitsalltag zu quälen?

Glücksmomente beim Arbeiten schaffen

Seligmans Rezept für mehr Lusterleben im Beruf[63] lautet:

- Identifizieren Sie Ihre Signaturstärken.
- Wählen Sie eine Arbeit, die Ihre Signaturstärken jeden Tag nutzt.
- Gestalten Sie Ihre jetzige Arbeit so um, dass Sie Ihre Signaturstärken häufiger einsetzen können.
- Wenn Sie Arbeitgeber sind: Suchen Sie Arbeitnehmer, deren Signaturstärken übereinstimmen mit der Arbeit, die Sie tun sollen. Wenn Sie Manager sind: Geben Sie den Angestellten die Möglichkeit, ihre Arbeit entsprechend – wenn auch innerhalb der Grenzen Ihrer Ziele – umzugestalten.

Wenn Ihnen eine solche Wandlung gelingt, dann ist das wirklich eine reife Leistung.

Reflexion 13: Gefühle stärken, Signaturstärken einsetzen

- Welche Gefühle wollen Sie stärken?
- Welche Gefühle von anderen wollen Sie lernen, mehr zu respektieren?
- Welche Gefühle wollen Sie stärker nach außen kommunizieren? An wen?
- Mit welchen Gefühlen – von sich oder anderen – wollen Sie lernen, souveräner umzugehen?
- Was sind Ihre Signaturstärken, und wie könnten Sie sie mehr in Ihre alltäglichen beruflichen Routinen einbauen?

Teil 3

Kooperieren und kommunizieren

Gemeinsam sind wir stark: Wer macht mit?

»Was von einem Gestalt annimmt, kann man nicht sich alleine anrechnen, weil es immer nur ein Teil von Prozessen ist, an dem andere Menschen mitwirken oder mitgewirkt haben.«

Jürg Willi

Gelingendes Älterwerden ist selbstverständlich nicht nur vom eigenen Verhalten abhängig. So wie ein guter Musiker allein keine Symphonie spielen kann, sondern dazu auch ein Orchester, gestimmte Instrumente, eine gute Konzerthalle und einen einfühlsamen Dirigenten braucht, so benötigt ein Mensch im Berufsleben viele engagierte Mitspieler und bestimmte Rahmenbedingungen, um sein eigenes Potenzial zum Klingen bringen zu können. Deshalb möchten wir, nachdem es bisher um das persönliche Denken, Fühlen und Handeln im Prozess des Älterwerdens ging, nun auch wesentliche Gedanken zu diesen Rahmenbedingungen skizzieren.

Wenn Menschen die Freude und Motivation bei der Arbeit verlieren, so liegt es kaum daran, dass sie älter werden. Häufig sammeln sich im Laufe der Jahre negative Erfahrungen an, die zu steigender Unzufriedenheit und Frustration führen können. Dies kann unter anderem durch die Vernachlässigung von vier wichtigen Themen im Betrieb geschehen:

1. Führungsstil von Vorgesetzten
2. Arbeitsorganisation und Arbeitszeiten
3. Betriebliches Gesundheitsmanagement
4. Arbeiten im Präferenzbereich

Achtsame und wertschätzende Führung leben

»Was ist Ihnen in Ihrem Arbeitsleben besonders wichtig? Was könnte Sie motivieren, mehr oder länger zu arbeiten als unbedingt nötig?« Diese Frage stellten wir Mitarbeitern der unterschiedlichsten Branchen. Die Antworten lassen sich in folgende Kategorien zusammenfassen:

- Ein guter Vorgesetzter, der meine Arbeit würdigt und mich unterstützt
- Bessere Arbeitszeitmodelle
- Gesundheitsförderung am Arbeitsplatz
- Mehr Lohn

Am häufigsten entschieden sich die Befragten für den Vorgesetzten, der ihre Arbeit würdigt. An zweiter Stelle wählten sie das Arbeitszeitmodell, danach die Gesundheitsförderung und an letzter Stelle mehr Geld. Bei älteren Mitarbeitern war diese Reihenfolge sehr stabil. Bei jüngeren rutschte die Arbeitszeitgestaltung auch schon mal auf Platz eins, und die Entlohnung stand hier vor den Gesundheitsprogrammen.

Überall wünschen sich Mitarbeiter einen aufmerksamen, freundlichen und respektvollen Umgang; nicht nur mit Kollegen, sondern auch ganz besonders mit ihrer direkten Führungskraft. Menschen sind Beziehungswesen, und sie benötigen Resonanz, das Gefühl, gesehen und gewürdigt zu werden. Die Qualität der sozialen Interaktionen am Arbeitsplatz ist keinesfalls nur eine angenehme Zugabe, sondern sie beeinflusst Gesundheit, Leistungsfähigkeit und Motivation in erheblichem Maße.

So belegen Studien[64], dass Lob und Anerkennung sowie respektvoller Umgang wichtige Schutzfaktoren für körperliche Beschwerden, Herz-Kreislauf-Erkrankungen und Schlafqualität sind. Mangelnde Wertschätzung im Beruf kann zu einem Risikofaktor ersten Ranges werden, was durch Ausdauertraining auf dem Firmengelände nicht zu kompensieren ist. Die beste Droge für einen Menschen im Arbeitsleben ist immer ein anderer Mensch.[65] Kein Fitnesscenter, kein Nahrungsergänzungsmittel und kein Stressbewältigungsprogramm können das Wohlbefinden und auch die Gesundheit so fördern wie gute soziale Interaktionen am Arbeitsplatz. Führungskräfte, die ihren Mitarbeitern regelmäßig konstruktives Feedback geben, die Leistung anerkennen und würdigen und auch mit Fehlern der Mitarbeiter sowie mit den eigenen offen und freundlich umgehen, schaffen die beste Basis für eine gute Beschäftigungsfähigkeit – in jedem Lebensalter.

Mitarbeiter kündigen selten ihren Arbeitsplatz, sondern vielmehr ihrem Vorgesetzten

Viele Führungskräfte wollen und können gut führen, manche tun es auch. Viele tun es nicht. Das liegt nun keineswegs daran, dass diese Führungskräfte nicht den guten Willen hätten, einen menschenfreundlichen Umgang zu pflegen. Häufig stehen sie selbst unter enormem Druck und erhalten kaum Rückmeldungen von Mitarbeitern, wie ihr Verhalten auf sie wirkt. Aufgrund der vielfachen Anforderungen im Arbeitsalltag ist kaum Energie und Achtsamkeit für den eigenen Kommunikationsstil sowie für die Qualität der kollegialen Interaktionen vorhanden. Hinzu kommt, dass viele Führungskräfte wurden, weil sie fachlich kompetent waren, nicht weil sie grundsätzlich dafür ausgebildet waren, Menschen zu begleiten und zu führen. Diesem Umstand begegnen viele Firmen, indem sie Führungskräfteschulungen anbieten. In mehr oder minder kurzen Seminareinheiten sollen hier aus guten Fachkräften Führungskräfte werden. Gute Führung ist allerdings verbunden mit der eigenen Persönlichkeitsentwicklung, und die erreicht man nicht in zwei Tagen.

So tun Arbeitgeber gut daran, ihren Führungskräften ausreichend Zeit und fachliche Unterstützung zur Verfügung zu stellen, um ihre Führungsqualitäten kontinuierlich zu verbessern. Dazu gehört auch, dass Führungskräfte Gelegenheit haben, zu reflektieren und miteinander zu diskutieren, wie das Führen von altersgemischten Teams gelingen kann. Im Idealfall bieten Arbeitgeber regelmäßig Schulungen an, in denen Führungsfragen mit den Themen Gesundheit und Entwicklung über die Lebensspanne gekoppelt werden. Wenn diese Form der Weiterbildung in der Führungskräfteentwicklung selbstverständlich würde, dann hätten wir gute Chancen, kompetente, achtsame und selbstreflexive Vorgesetzte zu finden, die ihre Mitarbeiter einfühlsam über eine lange Lebensspanne zufrieden durch das Arbeitsleben führen – und sich selbst übrigens auch.[66]

Arbeitsorganisation und Arbeitszeitmodelle neu erfinden

»Die Arbeit ist nicht das, was mich fertig macht. Es sind die Rahmenbedingungen, die Organisation und die zeitliche Einteilung.« So lautete die Antwort eines 34-jährigen Bankangestellten und Vaters zweier kleiner Kinder auf unsere Frage, was er als Hauptanforderung erlebe. Würde dieser junge Familienvater in den Niederlanden arbeiten, so könnte er sich wöchentlich einen »Papa-dag« nehmen. Das ist dort möglich, weil die Regierung eine Regelung geschaffen hat, nach der jeder Arbeitnehmer das Recht hat, sich eine sechsmonatige Familienzeit zu nehmen, die er über einen langen Zeitraum in kleineren Einheiten abfeiern kann. Dafür gibt es natürlich auch keinen Lohn, aber die Wahlfreiheit »Geld oder Zeit« ist schon ein großes Stück Freiheit. Sollten solche Arbeitszeitflexibilisierungen nicht auch ohne politische Regelungen möglich sein?

Unabhängig vom Lebensalter wünschen sich viele Arbeitnehmer flexiblere Arbeitszeiten. Damit sind nicht nur die Tagesarbeitszeiten in Form von Gleitzeiten gemeint, sondern auch die Zeiten bezogen auf die Woche, den Monat, das Jahr oder aber sogar über noch längere Zeiträume. Erste Lichtblicke zur Verbesserung von Arbeitszeiten finden wir in Firmen, die den Mut haben, Jahresarbeitszeitkonten oder gar Lebensarbeitszeitkonten zu führen. Ob Job-Sharing, Wahlarbeitszeit, Vertrauensarbeitszeit, Homeoffice-Zeiten, Arbeit auf Abruf oder Gleitzeiten: Keine Arbeitszeitorganisationsform sollte von vornherein ohne Prüfung und Diskussion verworfen werden. Es ist eine Vision, aber keinesfalls eine Utopie – je nach Branche und Struktur des Betriebs –, über neue Formen der Arbeitszeitgestaltung nachzudenken und auch geeignete Zeitmodelle für Arbeitgeber und Arbeitnehmer in unterschiedlichen Lebensphasen zu finden. So haben wir selbst in unserem Unternehmen Mitarbeitern die Möglichkeit gegeben, ihre Arbeitszeit in Form von Jahresarbeitszeitkonten zu führen. Wir vereinbaren die Arbeitstage pro Jahr gemeinsam mit den Mitarbeitern. Sie wählen in Absprache und je nach betrieblichen Erfordernissen und privaten Möglichkeiten, wie sie diese Tage über das Jahr hinweg aufteilen.

Arbeitszeiten lebensphasenorientiert planen

Wäre es nicht sinnvoll, dass jüngere Mitarbeiter, die gerade eine Familie gegründet haben, in dieser Phase weniger arbeiten? Wenn sie, nachdem die Kinder dann aus dem Haus sind, das Arbeitspensum wieder steigern? Wäre es nicht menschengerechter, wenn wir anstatt eines fixen Austrittsdatums aus dem Berufsleben einen gleitenden Übergang schafften, der es ermöglichte zu wählen: von 100 Prozent Arbeitsleistung auf 80 Prozent, dann auf 50 Prozent und nach einigen Jahren vielleicht nur noch mit 25 Prozent der Arbeitszeit? Könnte es sein, dass Menschen, die die Freiheit hätten, ihre Arbeitszeit besser an ihre Bedürfnisse anzupassen, freiwillig deutlich über das Rentenalter hinaus arbeiten würden? Könnte es sein, dass dies nicht nur mehr Zufriedenheit bei den einzelnen Arbeitnehmern schafft, sondern dass sich auf diese Weise auch Arbeitsleistungen verbessern?

Ohne Frage bedeuten solche Arbeitszeitmodelle für manche Firmen einen gewaltigen Planungsaufwand und manchmal auch eine Umstellung von Arbeitsprozessen. Für bestimmte Branchen wären solche Arbeitszeitmodelle sehr schwer realisierbar, für andere wären sie schon heute machbar. Der Gewinn auf der anderen Seite wären Mitarbeiter, die zufriedener, gesünder und häufig auch engagierter arbeiteten. Sicherlich gibt es hier keine Patentrezepte, und jeder Betrieb ist aufgefordert, über ein passendes und umsetzbares Modell nachzudenken. Auf jeden Fall werden diejenigen künftig die interessanteren Arbeitgeber sein, die sich wagen werden, neue Wege in der Arbeitszeitgestaltung zu gehen. Modellprojekte wie die »Neue ArbeitsZeitpraxis«[67] (gefördert vom Bundesministerium für Arbeit und Soziales, BMAS, und von der Bundesanstalt für Arbeitsschutz und Arbeitsmedizin, BAuA, fachlich begleitet) geben Informationen und Impulse für die praktische Umsetzung in unterschiedlichen Branchen.

Betriebliches Gesundheitsmanagement (BGM)

Betriebliches Gesundheitsmanagement ist zwar in etlichen – zumeist großen – Firmen mittlerweile als Führungsaufgabe angekommen. Dennoch begegnen wir immer noch »Wozu soll das gut sein?«-Gesichtern, wenn wir auf die Bedeutung der Gesundheitsförderung am Arbeitsplatz hinweisen. Meist beruht diese Abwehr auf einem Fehlverständnis davon, was betriebliche Gesundheitsförderung beinhaltet und wie sie erfolgreich umgesetzt werden kann. Um das Verständnis dafür zu verbessern, ist es notwendig, drei Begriffe zu definieren und voneinander zu trennen:

1. Persönliche Gesundheitsförderung (PGF)
bezeichnet Maßnahmen, die Personen individuell für sich ergreifen können, um ihre Gesundheit zu schützen oder zu verbessern – während der Arbeitszeit und in der Freizeit, zum Beispiel gesunde Ernährung, Bewegung, Entspannung … Dies ist nicht primär die Aufgabe des Arbeitgebers.

2. Betriebliche Gesundheitsförderung (BGF)
umfasst alle arbeitsplatzspezifischen Maßnahmen, die auf den Schutz und/oder die Förderung der Gesundheit abzielen. Diese Maßnahmen sind immer *arbeitsplatzspezifisch* und beinhalten Verhaltensweisen und Verhältnisse am Arbeitsplatz, zum Beispiel spezielle Bewegungsprogramme für Mitarbeiter an PC-Arbeitsplätzen, Konfliktbewältigung in Arbeitsteams, ergonomische Verbesserungen, Selbstmanagement in der konkreten Arbeitssituation …

Hier ist der Arbeitgeber gefordert.

3. Betriebliches Gesundheitsmanagement (BGM)
bezeichnet die Steuerung und Integration von betrieblichen Prozessen mit Blick auf Mitarbeitergesundheit. BGM ist eine

Führungsaufgabe. Sie umfasst unter anderem die Analyse von gesundheitsgefährdenden Einflüssen, die zielgerichtete Maßnahmenplanung, Bereitstellung zeitlicher und finanzieller Ressourcen für die Umsetzung der Maßnahmen sowie deren Evaluation …

Persönliche Gesundheitsförderung (PGF) ist Privatsache

Menschen wählen individuell, welche Maßnahmen sie für sich treffen möchten, um langfristig gesund und leistungsfähig zu bleiben. Sie entscheiden autonom, wie sie mit ihrem Körper umgehen, wie sie sich ernähren, ob sie rauchen oder Sport treiben. Sie bestimmen, wie sie mit seelischen und sozialen Herausforderungen umgehen. Der Arbeitgeber kann dem Mitarbeiter keine gesundheitsfördernden Maßnahmen wie beispielsweise eine Rückenschule oder eine bestimmte Ernährungsform verordnen. Gott sei Dank kann er das nicht. Immer mehr Arbeitgeber bieten ihren Mitarbeitern Maßnahmen der PGF auf freiwilliger Basis an. Das ist durchaus sinnvoll, sollte aber nicht verwechselt werden mit der BGF.

Betriebliche Gesundheitsförderung (BGF) ist keine Privatsache

Wenn am Arbeitsplatz gesundheitliche Belastungen auftreten, dann sind Arbeitgeber und Arbeitnehmer gemeinsam in der Pflicht, diesen Belastungen entgegenzuwirken. Ergibt eine Analyse, dass beispielsweise ergonomische Bedingungen und auch das Bewegungsverhalten der Mitarbeiter am Arbeitsplatz gesundheitsgefährdend sein könnten, dann sollte der Arbeitgeber zum einen für die Verbesserung der Ergonomie sorgen, zum anderen auch physiopräventive Bewegungsprogramme am Arbeitsplatz anbieten. Würde man bei der Teilnahme an diesen Bewegungsprogrammen nach dem Motto »Wer Lust hat, macht mit« auf Freiwilligkeit setzen, dann würde man häufig den »gefährdeten« Personenkreis gar nicht erreichen. Auf freiwilliger Basis kommen zumeist nur diejenigen, die schon ein hohes Gesundheitsbewusstsein haben, und diejenigen, die auch sonst aktiv etwas für ihre Gesundheit tun. Ähnlich paradox wäre die Freiwilligkeit, wenn die Analyse ergeben hätte, dass Konflikte die Mitarbeiter gesundheitlich belasten, und man daher einen Workshop zur Konfliktklärung organisieren würde. Wenn die Konfliktparteien nicht verbindlich zur Teilnahme aufgefordert würden, dann könnte es sein, dass die Hauptbeteiligten gar nicht dabei wären und die Konfliktbearbeitung folglich nicht möglich wäre.

Maßnahmen der BGF sind im Gegensatz zur persönlichen Gesundheitsförderung also erstens arbeitsplatzspezifisch, und zweitens ist die Teilnahme verbindlich – ebenso wie bei anderen Schulungsmaßnahmen auch.

BGF ist kein Wellnessprogramm am Arbeitsplatz

Es geht beim BGF also keinesfalls um Massage am Arbeitsplatz, den Gymnastikkurs in der Mittagspause oder die Nordic Walking-Gruppe am Ende des Arbeitstages – wogegen natürlich grundsätzlich nichts einzuwenden ist. Es handelt sich vielmehr um eine strukturierte Analyse von System- und Arbeitsbedingungen sowie Mitarbeiterverhalten. Auf Grundlage dieser Analyse werden geeignete Maßnahmen geplant und durchgeführt, die einerseits die verbesserte Gesundheit der Mitarbeiter zum Ziel haben, andererseits aber auch zur Effektivität im Arbeitsprozess beitragen können.

Es spricht natürlich nichts dagegen, diese arbeitsplatzbezogenen Maßnahmen mit »Incentives« der Gesundheitsförderung zu koppeln. Schon heute laden manche Firmen verdiente Mitarbeiter oder Mitarbeiter ab einem bestimmten Alter zu Gesundheitswochenenden ein, bei denen sie die Gelegenheit haben, ihr persönliches Gesundheitsverhalten zu reflektieren und gegebenenfalls zu verändern. Wenn die betriebliche Gesundheitsförderung professionell betrieben wird, dann hat sie immer auch Auswirkungen auf das persönliche Gesundheitsverhalten, ohne dass dies in die Autonomie des Mitarbeiters eingreift. Der Mitarbeiter wird sich seines Gesundheitsverhaltens bewusster, er erkennt seinen Einflussbereich und seine Selbstwirksamkeit in vielen Bereichen des beruflichen und privaten Lebens. Dies alles legt er beim Verlassen der Firma nicht an der Pforte ab.

BGM als Managementaufgabe verstehen

Aus den Definitionen der drei Begriffe (BGM, BGF und PGF) ergeben sich folgende Aufträge an die Arbeitgeber:

1. Einführung eines strukturierten betrieblichen Gesundheitsmanagementsystems.
2. Umsetzung von Maßnahmen der betrieblichen Gesundheitsförderung nach der Analyse von Arbeitsverhältnissen und -verhalten.
3. Gestaltung der Maßnahmen der betrieblichen Gesundheitsförderung, sodass eine Ansteckung und Übertragung der Inhalte vom betrieblichen auf das private Gesundheitsverhalten stattfindet.

Wenn Arbeitgeber glauben, Gesundheit sei nur Privatsache des Arbeitnehmers und es sei keine betriebliche Aufgabe, sich um dessen körperliche und seelische Befindlichkeiten zu kümmern, dann wird der einzelne Mitarbeiter im eigenen

Engagement an Grenzen stoßen. So würden Unternehmer das wichtigste und größte Potenzial verspielen, das ihnen zur Verfügung steht.

Außerdem: Investitionen in diesen Bereich zahlen sich aus. So zeigt eine Studie von Booz & Company einen Return of Investment von 1:5 Euro bis 1:16 Euro.[68] Das heißt, einem investierten Euro stehen mindestens 5 Euro an Gewinn durch das betriebliche Gesundheitsmanagement gegenüber. Diese Zahlen zeigen, dass Gesundheitsförderung nicht nur mitarbeiterorientiert ist, sondern für einen Betrieb auch wirtschaftlich. Nun benötigen wir nur noch mehr Verantwortliche, die sich ernsthaft dieses Themas annehmen und bereit sind, in größeren Zeithorizonten als nur einem Quartal zu denken und zu handeln.

Arbeiten im Präferenzbereich – Weiterbilden im Präferenzbereich

Stellen Sie sich folgendes Szenario vor: Sie arbeiten mit einem Vorgesetzten, der Sie würdigt und schätzt, der Sie fördert und fordert. In Ihrem Betrieb gibt es ein flexibles Arbeitszeitmodell, das Ihnen und Ihrer Lebensphase entspricht und Ihnen Spielräume eröffnet. Gesundheitsfördernde Maßnahmen sind fester Bestandteil der Personalentwicklung. Und als Zugabe: Sie könnten an diesem Arbeitsplatz das tun, was Sie leidenschaftlich gerne tun. Sie arbeiten in einem Bereich, der Ihren Fähigkeiten *und* Ihren Neigungen entspricht.

Ist diese Vorstellung nur eine Utopie? Nein, solche Ausnahmearbeitsplätze gibt es heute schon. Dort finden Sie die motiviertesten, gesündesten und leidenschaftlichsten Mitarbeiter überhaupt. Aktuell aber stellt das Arbeiten im Präferenzbereich für viele Arbeitnehmer immer noch ein schwer erreichbares Ziel dar. Das geht nicht ohne die Beteiligung der Arbeitgeber.

Die meisten Aus- und Weiterbildungssysteme basieren fast ausschließlich auf Kompetenzentwicklung ohne Berücksichtigung persönlicher Präferenzen. Dozenten vermitteln sachbezogene Inhalte und Strategien, die darauf abzielen, bestimmten Stellenanforderungen gerecht zu werden. Ohne diese Kompetenzen ist erfolgreiches Arbeiten nicht möglich. Kompetenz alleine reicht allerdings nicht aus, um eine Arbeit über eine lange Zeitspanne zufrieden und erfolgreich zu bewältigen. Sowohl in der Ausbildung als auch in der lebensbegleitenden Weiterbildung sollten neben den Fragen zur Kompetenz die Fragen nach der Präferenz gestellt werden: »Was lieben Sie zu tun? Bei welchen Arbeiten verlieren Sie sich in Zeit und Raum? In welcher Art der Arbeit können Sie ganz aufgehen?«

Im Idealfall wählen Menschen Berufsausbildungen, die in erster Linie mit ihren persönlichen Präferenzen übereinstimmen. Dann qualifizieren sie sich zunehmend, sodass es zu einer Übereinstimmung von Kompetenz und Präferenz kommen kann. Es kann allerdings sein, dass Präferenzen sich im Laufe der persönlichen Entwicklung über die Jahre hinweg ändern. Handwerkliche Geschicklichkeit ist kein Garant dafür, dass diese Arbeiten auch über eine ganze Lebensspanne mit Leidenschaft ausgeführt werden. So kann beispielsweise ein hoch qualifizierter Techniker eine Leidenschaft für die Ausbildung von Menschen entwickeln, oder ein Therapeut kann nach vielen Jahren erfolgreicher Betreuung von Patienten Interesse an kreativen Aufgaben finden. Der Techniker könnte sich folglich im pädagogischen Bereich weiterbilden, der Therapeut fände vielleicht Befriedigung in einer Weiterqualifikation im Bereich Mediendesign. Für die meisten Firmen und Institutionen sind solche Weiterbildungsangebote und Kombinationen noch lange nicht selbstverständlich.

Präferenzorientierte Weiterbildung motiviert

Anstatt frustriert im alten Tätigkeitsbereich zu verharren, benötigen Mitarbeiter in solchen Fällen Weiterbildungsoptionen, die ihnen eine Entfaltung ihres Potenzials und ihrer Interessen ermöglichen. Je älter Menschen werden, desto wichtiger ist vielen, dass sie überwiegend die Arbeit machen können, die ihnen auch entspricht. Dies sollten Arbeitgeber schon möglichst früh in der Laufbahnberatung und im Bildungsangebot berücksichtigen. Firmen tun daher gut daran, ihre Weiterbildungsangebote so zu konzipieren, dass neben der Orientierung an ihrem Geschäftszweck auch die Entwicklungswünsche der Mitarbeiter berücksichtigt werden. Wenn Mitarbeiter in fortgeschrittenem Alter beispielsweise von Entwicklungen und Weiterbildungen in neuen Tätigkeitsfeldern oder mit neuen Medien ausgeschlossen werden, nur weil man davon ausgeht, dass Jüngere sich schneller einarbeiten könnten, dann kann das zu erheblichen Motivationsverlusten erfahrener Mitarbeiter führen. Dies dient nicht allein den Mitarbeitern und deren Motivation, sondern kann im Einzelfall auch für das Unternehmen einen Mehrwert in Produktion und Dienstleistung generieren.

Ein Geschäftsführer kommentierte die Idee der Präferenzorientierung folgendermaßen: »Das Arbeitsleben ist kein Wunschkonzert. Wo kämen wir da hin, wenn jeder das machen würde, was ihm Spaß macht?« Stimmt, das Leben richtet sich häufig nicht nach unseren Wünschen. Und dennoch möchten wir die Frage noch einmal neu stellen: Wo kämen wir hin, wenn wir alle mehr von dem tun könnten, was wir leidenschaftlich gerne tun? Welche Auswirkungen hätte das auf Produktivität, Effektivität, Gesundheit und Engagement? Und wenn wir den Präferenzgedanken ernst nehmen, bedeutet das keinesfalls, dass alle Tätigkeiten jetzt ausschließlich nach diesem Prinzip durchgeführt werden. Wir glauben, dass Mitarbeiter jeden Schritt in diese Richtung würdigen werden. Wenn es möglich wäre, 60 Prozent des Pensums im Präferenzbereich zu arbeiten, wäre ausreichend Energie für andere, vielleicht weniger geliebte, aber notwendige Dinge des Arbeitsalltags vorhanden. Ein Nebeneffekt wäre auf jeden Fall, dass der Stresspegel deutlich sinken würde.

Menschen wollen sich entwickeln und Potenziale entfalten, und das in jeder Lebensphase. Leider kommen viele ältere Mitarbeiter in manchen Betrieben überhaupt nicht mehr in den Genuss von Weiterbildungen. Nach dem Motto »Der ist nicht mehr lange hier; das lohnt nicht mehr, Zeit und Geld zu investieren«, werden vielen älteren Mitarbeitern interessante Weiterbildungsprogramme vorenthalten. Im Sinne einer sich selbst erfüllenden Prophezeiung zeigen sich diese Mitarbeiter langfristig nicht mehr so engagiert oder steigen früher aus dem Berufsleben aus, als es notwendig wäre. Vorurteile, dass ältere Mitarbeiter nichts mehr lernen wollen oder gar können, prägen hartnäckig die Weiterbildungsszene.

Wir brauchen nicht nur Mitarbeiter, die ihre Stärken und Leidenschaften kennen, sondern wir brauchen auch dringend Betriebe, die den Mut haben, zukunftsorientierte und präferenzorientierte Weiterbildung anzubieten. Wir brauchen keine altersgerechte, sondern vielmehr eine personenzentrierte Weiterbildung über die gesamte berufliche Lebensspanne.

Arbeitgeber investieren in die Zukunft: Drei Beispiele

Ja, es gibt sie bereits: Arbeitgeber, die erkannt haben, dass sie einen wichtigen Beitrag zum gelingenden Älterwerden ihrer Mitarbeiter im Beruf leisten müssen. Im Folgenden stellen wir Ihnen in drei Interviews Arbeitgeber vor, die dies nicht nur erkannt haben, sondern ihre Personalentwicklung bereits heute aktiv unter dem Blickwinkel des demografischen Wandels gestalten.

Die Ministerpräsidentin des Saarlandes, Annegret Kramp-Karrenbauer

Sie steht in ihrer Funktion an der Spitze der Landesregierung. In der saarländischen Landesverwaltung arbeiten 24 000 Beschäftigte.

Schneider: Die saarländische Politik schenkt dem demografischen Wandel schon seit einigen Jahren große Aufmerksamkeit. Mit vielen Aktionen haben Sie bisher die Bevölkerung sowie Arbeitgeber für die verschiedensten Facetten einer älter werdenden Gesellschaft sensibilisiert. Wie sieht es aber mit der Personalpolitik in der saarländischen Landesverwaltung aus? Was tun Sie, um die Beschäftigungsfähigkeit Ihrer eigenen Mitarbeiter zu erhalten und zu verbessern?

Kramp-Karrenbauer: Wie Sie schon richtigerweise sagen: Die Landesverwaltung hat die Herausforderungen des demografischen Wandels angenommen. Wir werden ein betriebliches Gesundheitsmanagement etablieren. Darüber hinaus bietet das Innenministerium als zentrale Stelle für die Weiterbildung bereits seit mehr als zehn Jahren regelmäßig Fortbildungen zu Gesundheitsthemen an. Das Angebot ist breit gefächert. Insbesondere bei unserer Führungskräfteschulung berücksichtigen wir seit Jahren die Themen Gesundheit und Führung sowie älter werdende Mitarbeiter. Und: Jedes Ministerium organisiert für sich verschiedene Aktionen. Wir haben zu meiner Zeit im Sozialministerium beispielsweise einen Gesundheitstag etabliert. Dort referieren dann externe Fachleute, es werden Vorsorgeuntersuchungen angeboten und Workshops veranstaltet.

Schneider: Welche Erfahrungen haben Sie bisher mit Ihren Angeboten gemacht?

Kramp-Karrenbauer: Die Mitarbeiterinnen und Mitarbeiter arbeiten und leben bewusster. Sie nehmen zum einen das Angebot in der Landesverwaltung an und setzen es zum anderen auch im Berufsalltag um. In der Staatskanzlei gibt es inzwischen eine feste Gruppe, die am Theraband-Kurs teilnimmt. In anderen Ministerien haben sich Laufgruppen gebildet, die in der Mittagspause oder nach Feierabend an der Saar unterwegs sind. Das Bewusstsein, etwas für sich und seine Gesundheit tun zu müssen, führt auch die Beschäftigten in der Landesverwaltung zusammen. Das ist in einer Zeit, in der scheinbar nur noch ein »Höher, schneller, weiter« zählt, unbezahlbar. Eine reife Leistung.

Schneider: Wo liegen aus Ihrer Sicht die besonderen Herausforderungen, wo die Chancen?

Kramp-Karrenbauer: Wir befinden uns mitten in einem Prozess der Bewusstseinsveränderung, der ein Stück weit auch der alternden Gesellschaft geschuldet ist. Unsere Aufgabe ist es deshalb, frühzeitig die Rahmenbedingungen so zu stellen, dass der Arbeitsplatz alterns- und altersgerecht gestaltet wird. Die Chance liegt insbesondere darin, die Zufriedenheit der Menschen an ihrem Arbeitsplatz zu steigern. Es ist ein

Kreislauf: Ein Mehr an Zufriedenheit führt zu einem Mehr an Motivation, führt zu weniger Krankheiten, führt zu sinkenden Ausfallquoten. So haben alle etwas davon.

Schneider: Dürfen wir Sie um ihre persönliche Meinung zur Leistungsfähigkeit in der Lebensmitte bitten? Was treibt Sie an und wie schaffen Sie es, mit so viel Energie und Tatkraft Ihren anspruchsvollen Beruf zu meistern?

Kramp-Karrenbauer: Mich treiben der starke Rückhalt meiner Familie an und die Chance, etwas verändern zu können für ein Land, welches mir viel gegeben hat und sehr am Herzen liegt. Natürlich habe ich auch diese Tage, an denen man sich am liebsten unter der Bettdecke verkriechen möchte. Sobald ich mir aber bewusst mache, wie gut es uns doch in dieser Gesellschaft geht, finde ich schnell wieder zu meinem Motto zurück, das da lautet: »Wenn es einfach wäre, könnte es ja jeder.«

Roland Bühler, Bosch, Konzernzentrale Stuttgart

Die Bosch-Gruppe ist ein international führendes Technologie- und Dienstleistungsunternehmen. Die Aktivitäten gliedern sich in die vier Unternehmensbereiche Kraftfahrzeugtechnik, Industrietechnik, Gebrauchsgüter sowie Energie- und Gebäudetechnik. Inklusive Vertriebspartnern ist Bosch in rund 150 Ländern vertreten.

Roland Bühler ist in der Konzernzentrale verantwortlich für Vergütung und Arbeitsbedingungen.

Schneider: Die Firma Bosch beschäftigt sich schon seit Jahren intensiv mit dem Thema demografischer Wandel. Was tun Sie konkret, um die Beschäftigungsfähigkeit Ihrer Mitarbeiter zu erhalten und zu verbessern?

Bühler: Wichtig ist ein ganzheitlicher Ansatz, der alle wesentlichen Handlungsfelder adressiert. Mit Altersstrukturanalysen, ergänzt um Qualifikationsprofile, untersuchen wir, wie sich die Mitarbeiterstruktur und die Qualifikationen entwickeln, und spiegeln dies am mittelfristigen Bedarf. Das ergibt eine gute Datenbasis für die Ableitung zielgerichteter Maßnahmen.

Unterschiedliche Arbeitszeitmodelle ermöglichen es den Mitarbeitern, den Beruf besser mit dem Privatleben und damit auch mit individuellen Rahmenbedingungen zu vereinbaren. Über die gesetzlichen Möglichkeiten wie zum Beispiel Teilzeit oder Familienpflegezeit hinaus haben wir betriebliche Modelle zu Langzeitkonten, Pflegepause, mobilem Arbeiten und Jobsharing entwickelt.

Ein zentrales Element im Demografie-Management ist das betriebliche Gesundheitsmanagement. Medizinische Vorsorge, Programme zur Erhaltung der körperlichen und geistigen Leistungsfähigkeit sowie der psychischen Gesundheit, gesunde Ernährung, Arbeitsgestaltung und Ergonomie sowie das betriebliche Eingliederungsmanagement müssen zu einem abgestimmten Gesamtkonzept zusammengefasst werden. Bei Bosch entwickeln dies sowohl auf Konzernebene als auch an den Standorten Arbeitskreise für Gesundheit, bestehend aus den Experten für diese Themen und den Arbeitnehmervertretern.

Fach- und Erfahrungswissen gehören in Unternehmen zu den wertvollsten Gütern. Daher haben wir schon vor 15 Jahren die »Bosch Management Support GmbH« (BMS) gegründet. Fach- und Führungskräfte aller Ebenen können hier nach dem Ausscheiden aus dem Berufsleben mitwirken und stehen den Bosch-Standorten weltweit als Berater zur Verfügung. Sowohl die Erfahrung der Älteren als auch der Austausch zwischen Jung und Alt führen zu schnelleren und oft auch innovativen Projekten.

Neben der Bildungsbiografie prägt auch das Alter in gewisser Weise Lernbereitschaft und Lernstile von Mitarbeitern. Damit lebenslanges Lernen alternsgerecht optimal gelingen kann, beraten Experten des Bildungsbereichs Führungskräfte zu geeigneten Lernformen. Sie bieten auch gezielt Trainings an, die das lebenslange Lernen thematisieren.

In der Vergangenheit wurden ältere Mitarbeiter häufig auf Schonarbeitsplätze versetzt. Durch eine frühzeitige Förderung der Veränderungsfähigkeit und -bereitschaft sowie durch systematischen Aufgabenwechsel kann dies zumindest teilweise vermieden werden. In regelmäßigen Gesprächen mit den Führungskräften und Mitarbeitern klären wir, wie eine sinnvolle Entwicklung verlaufen sollte.

Die Erhöhung des Rentenzugangsalters, der Wegfall der Wehrpflicht und die verkürzten Bachelor-Studiengänge führen in den Betrieben zu einer größeren Altersvielfalt. Damit einher geht auch eine zunehmende Vielfalt an Werten, Bedürfnissen und Arbeitsstilen. Asymmetrische Führungsbeziehungen (junge FK, älterer MA) erfordern eine höhere Flexibilität im Führungsverhalten. Der Umgang mit »age diversity« ist ein wesentlicher Aspekt der Führungskräfteentwicklung. Aber auch in den zuvor genannten Handlungsfeldern kommt den Führungskräften die entscheidende Rolle des Transmissionsriemens zu, der die Konzepte in der betrieblichen Praxis zur Anwendung bringt. Durch Trainings zur »Führungsaufgabe Gesundheit« oder zum »Führen im demografischen Wandel« versuchen wir die Führungskräfte sowohl zu informieren und zu sensibilisieren als auch in ihrer Vorbild- und Multiplikatorenfunktion zu stärken.

Schneider: Wo liegen aus Ihrer Sicht die besonderen Herausforderungen, wo die Chancen?

Bühler: Neben den beschriebenen Aktivitäten in den verschiedenen Handlungsfeldern ist eine der größten Herausforderungen die Arbeit an den bestehenden Altersbildern und -stereotypen. Sie prägen ganz entscheidend die Wahrnehmung und den Handlungsrahmen. Häufig engen sie beides ein. Junge *und* Alte haben Stärken *und* Schwächen, die aber nicht immer homogen verteilt sind! Fähigkeiten von Älteren heute lassen sich nicht auf Ältere morgen projizieren, sie ändern sich von Generation zu Generation. Dies zu begreifen und in der Arbeit mit der Thematik zu nutzen ist gleichzeitig die Chance, die im demografischen Wandel liegt.

Wolfhart Haase, Leiter Personal ZF Friedrichshafen AG am Standort Saarbrücken

ZF ist ein weltweit führender Technologiekonzern in der Antriebs- und Fahrwerkstechnik. Er produziert am Standort Saarbrücken PKW-Automatgetriebe und beschäftigt dort aktuell über 9000 Mitarbeiter. Wir sprachen mit Herrn Wolfhart Haase, Leiter Personal, Standort Saarbrücken.

Schneider: Wieso ist das Thema älter werdende Mitarbeiter für Sie wichtig?

Haase: Die Rahmenbedingungen sehen für ZF am Standort Saarbrücken recht gut aus: wirtschaftliches Wachstum, Neueinstellungen in der Produktion und ein relativ niedriges Durchschnittsalter. Dennoch steigt aufgrund der steigenden Lebenserwartung und der rückläufigen Geburtenrate der Anteil der älteren Menschen gegenüber den Jüngeren in Deutschland. Dieses Phänomen wird sich auch auf die ZF-Belegschaft auswirken. Darum sind die Themen Demografie sowie Gesundheit Teil der strategischen Planung und damit von besonderer Bedeutung für ZF.

Schneider: Was machen Sie konkret, um die Beschäftigungsfähigkeit der Mitarbeiter zu erhalten und zu verbessern?

Haase: Zunächst wurden die Führungskräfte von der oberen Ebene bis zur Meisterebene in Seminaren für den demografischen Wandel sensibilisiert. Dabei konnte durch den Einsatz eines Alterssimulationsanzuges das eigene Älterwerden hautnah erlebt werden. Aus dem Bereich der Arbeitsorganisation sind die systematischen Arbeitsplatzanalysen bezüglich körperlicher Belastungen zu nennen. Neben den Gefährdungsbeurteilungen der Abteilung Arbeitssicherheit wurde in Saarbrücken ein sogenanntes Ergonomiekataster eingeführt. Dies ist eine flächendeckende Erhebung und Analyse der körperlichen Belastungen an allen Arbeitsplätzen der Montage, Fertigung und den produktionsnahen Bereichen. Durch einen mehrstufigen Prozess werden einerseits Arbeitsbedingungen verbessert oder/und dem Mitarbeiter die Chance eröffnet, schneller und nachhaltiger gesund zu werden. Darüber hinaus wird derzeit an einem Konzept gearbeitet, wie Arbeitsplätze für sogenannte leistungsgewandelte Mitarbeiter erfasst werden können. ZF verfolgt bewusst den Ansatz, diese Mitarbeiter an Arbeitsplätzen in den jeweiligen Bereichen zu integrieren und keine definierten, gesonderten Abteilungen für gesundheitlich eingeschränkte Mitarbeiter aufzubauen.

Zudem werden zahlreiche Wiedereingliederungen von unserer Abteilung Betriebliches Gesundheitsmanagement durchgeführt. Durch dieses Gesprächsangebot wird den Betroffenen ein individuelles Hilfsangebot gestellt. Des Weiteren werden die Führungskräfte in Seminaren für Themen wie zum Beispiel psychische Erkrankungen sensibilisiert.

Neben der Abteilung Gesundheitsmanagement und Demografie bietet der Standort eine betriebliche Sozialberatung an, die Mitarbeiter in arbeitsplatzbedingten oder persönlichen Problemen berät und begleitet.

Die Aktivitäten am Standort werden durch die Arbeit der Konzernarbeitsgruppe Demografie mit Vertretern der Großstandorte ergänzt. Ein wichtiger Aspekt hierbei ist das gegenseitige voneinander Lernen. Gemeinsam werden in der Konzernarbeitsgruppe verschiedene Themen, die für alle Standorte gelten, bearbeitet.

Aktuell wird eine strategische Personalplanung etabliert, die zukünftig die Basis für demografierelevante Aktivitäten bildet.

Schneider: Welche Erfahrungen haben Sie bisher mit Ihren Projekten gemacht?

Haase: Wichtig ist vor allem, dass interdisziplinär an dem Thema gearbeitet wird. Es arbeiten die Arbeitssicherheit, Meister, Schichtleiter, Planer, Sicherheitsbeauftragte und Werksärzte unterstützt durch die Personalabteilung, gemeinsam an einer Lösung, wie die Bedingungen an belastenden Arbeitsplätzen weiter verbessert werden können. Auch im gerade gestarteten Projekt der Erfassung der Arbeitsplätze für leistungsgewandelte Mitarbeiter zeigen sich die Beteiligten sehr aufgeschlossen. Von der Zusammenarbeit mehrerer Abteilungen wird auch dieses Projekt profitieren.

Schneider: Wo liegen aus Ihrer Sicht die besonderen Herausforderungen, wo die Chancen?

Haase: Den Erhalt der Beschäftigungsfähigkeit sehen wir als eine der Herausforderungen. Weiterhin müssen wir eine alternsgerechte Arbeitsplatzgestaltung erreichen, sodass unsere Mitarbeiter auch mit zunehmendem Alter an den Arbeitsplätzen gut arbeiten können. Auch die Vereinbarkeit von Beruf und Familie inklusive der Pflege der Angehörigen wird herausfordernd sein. Auch wenn uns keine genauen Zahlen vorliegen, schätzen wir, dass heutzutage mehr Mitarbeiter als früher zumindest zeitweise mit einer Pflegesituation konfrontiert sind, Tendenz weiter steigend. Aus diesem Grund möchten wir uns als Arbeitgeber im Thema Beruf und Familie auch in Richtung Unterstützungsangebote bei der Pflege ausrichten.

Die Macht der Medien nicht unterschätzen

Nicht nur Arbeitgeber, sondern auch Medien tragen große Verantwortung bei der Gestaltung der Rahmenbedingungen für ein gelingendes Älterwerden im Beruf. Wir werden von Bildern überflutet, in denen Leistungsfähigkeit und Kreativität gleichgesetzt werden mit Jugend. In diesen Bildern scheint Älterwerden nur dann zu gelingen, wenn Menschen dabei immer jünger aussehen, als sie eigentlich sind. Zeitschriften, Magazine, Internet und Fernsehen zeigen Bilder, die suggerieren: Da ist wohl jemand in mittleren oder fortgeschrittenen Jahren, aber er sieht aus, denkt, fühlt und verhält sich wie ein junger Mensch. Bilder von sogenannten Silver- und Best-Agern überschwemmen die Medien: Geglättet, gefärbt, gestählt und poliert erklimmen sie hohe Gipfel, erkunden fremde Länder, treiben Extremsportarten, konsumieren teure Genussmittel oder zeigen wenigstens im schicken Seidenschlafanzug die neuesten Nahrungsergänzungsmittel, die ihnen eine erholsame Nacht ermöglichen sollen, um am nächsten Morgen die gleiche Leistung zu erbringen wie der 20 Jahre jüngere Kollege. Erfolgreiches Älterwerden wird in diesen Bildern allzu häufig gleichgesetzt mit Jungbleiben. Und dieses Jungbleiben bezieht sich hauptsächlich auf unsere Benutzeroberfläche – möglichst jung auszusehen bedeutet hier, jung zu sein. Diese Bilder infizieren unsere Gehirne mit einem unrealistischen Idealbild. Die Symptome dieser Infektion sind bei vielen schleichende Unzufriedenheit, Insuffizienzgefühle, Hyperaktivität, Überlastungsgefühle sowie die Verleugnung aktueller körperlicher und seelischer Bedürfnisse.

Weder bagatellisieren noch katastrofieren

Die einen bagatellisieren mit der Alles-kein-Problem-Haltung das Älterwerden. Sie betonen, dass sie niemals Probleme mit dem Älterwerden hatten, dass sie sich noch genauso leistungsfähig fühlen wie vor 20 Jahren. Weder Falten, Alterssichtigkeit noch andere körperliche Veränderungen hätten sie jemals gestört. Es fällt uns schwer, ihnen zu glauben. Die anderen katastrofieren, indem sie Szenarien heraufbeschwören, die suggerieren, dass wir im letzten Drittel des Erwerbslebens zu aufgezehrten, ausgepumpten und Alzheimer-bedrohten Wracks werden. So zeigt ein Plakat des Deutschen Gewerkschaftsbundes und des VDK einen in sich zusammengesunken, gebeugten Mann im Rollstuhl, der sich mühselig über eine Straße quält mit dem Titel: »Opa fährt zur Arbeit. Rente mit 67 – Nein Danke.« Dieses Bild dürfte nicht weniger toxisch wirken als die oben beschriebenen Phänomene. Der hypervitale 67-Jährige, der im Jack Wolfskin-Look Abenteuer erlebt, konkurriert in der Medienschau mit dem Mann im Rollstuhl, dem im selben Alter keine Stunde Erwerbsarbeit mehr zumutbar ist. Madonna schwingt sich mit Mitte 50 zur neuen Karriere auf, während ihre Altersgenossinnen in deutschen Callcentern scharenweise wegen Depressionen oder chronischer Rückenschmerzen ihren Arbeitsplatz frühzeitig verlassen müssen – und auch wollen. Hohe Quoten in Medien bringen anscheinend nur die Extreme, Katastrophen von vorgealterten, kranken und erschöpften Arbeitnehmern oder weichgezeichnete Bilder von Ewigjungen, Leistungsfähigen und Schönen, die ihre Arbeit und ihr Leben als Inspiration und dauernde Bereicherung erleben.

Zeitschriften, Magazine, Radio, Fernsehsendungen, Internet oder Kinofilme prägen unser Bild von Menschen in bestimmten Lebensphasen mehr als uns allen lieb sein dürfte. Unsere Gehirne besitzen keine Spamfilter. Wir werden auch zukünftig einer wachsenden Medienflut ausgesetzt sein und wollen das Medienangebot ja auch nutzen. So tragen Medienmacher aller Branchen eine große Verantwortung dafür, wie unterschiedliche Lebensphasen sowie das Thema Alter und Arbeit in der Öffentlichkeit dargestellt werden. Sie haben erhebliche Macht und viele interessante Möglichkeiten, unser gesellschaftliches Bild vom Älterwerden im Beruf positiv zu verändern, indem sie es realistisch und in seiner großen Vielfalt darstellen. Wir warten auf den ersten Hollywood-Film, der sich des Themas Älterwerden im Beruf annimmt und auf kreative, spannende, komische, nachdenkliche … Weise die gesellschaftliche Vielfalt beleuchtet. Zum Thema Sex und Älterwerden gab es bereits einige mehr oder weniger gelungene Versuche. Es ist Zeit für kreative Medienmacher, das Thema aufzugreifen und jenseits aller Stereotype und Klischees neu aufzubereiten.

Politische und gesellschaftliche Rahmenbedingungen ändern

Neben den Arbeitgebern und den Medien haben insbesondere Arbeitgeberverbände, Gewerkschaften, Berufsverbände und vor allem die Politik eine ganz besondere Verantwortung, sich dem Thema zu stellen und angemessene Rahmenbedingungen für ein besseres Älterwerden zu schaffen. Prekäre Beschäftigungsverhältnisse, Niedriglöhne, Zeit- und Leiharbeit, Gleichbehandlung von Frauen, Kinderbetreuung, Schule und Ausbildungsreformen, Vereinbarkeit von Familie und Beruf sowie Reformen unseres Rentensystems und des Gesundheitswesens sind dabei nur einige, aber elementare Themen, die die Politik beherzter angreifen muss als bisher.

Wenn Arbeitgeber diesen Beispielen folgen und sich ebenfalls in den Themen Führung, Gesundheit, Bildung und Arbeitsorganisation engagieren, dann leisten sie einen wesentlichen Beitrag im Prozess des gelingenden Älterwerdens ihrer Mitarbeiter. Eine reife Leistung – auf betrieblicher Ebene!

Alt und jung in einem Team: »Wie bist du denn drauf?!«

»Als ich vierzehn war, war mein Vater so unwissend. Ich konnte den alten Mann kaum in meiner Nähe ertragen. Aber mit einundzwanzig war ich verblüfft, wie viel er in sieben Jahren dazugelernt hatte.«

Mark Twain

Was glauben Sie: Welche Teams arbeiten effektiver, altershomogene oder möglichst altersgemischte Teams?

Die Verlängerung der Lebensarbeitszeit, die Erhöhung der Beschäftigungsquote der älteren Mitarbeiter sowie kürzere Ausbildungs- und Studienzeiten werden dazu führen, dass

Arbeitsteams eine zunehmend höhere Altersdiversität haben werden. Der 19-Jährige, der mit der 66-Jährigen zusammenarbeitet, wird künftig also eher die Regel als die Ausnahme sein. Die meisten tippen darauf, dass altersgemischte Teams effizienter arbeiten, und – sie liegen falsch. Leider ist die Antwort der Wissenschaft – wie so häufig – dazu nicht ganz eindeutig: Die aktuellen Forschungsarbeiten zeigen, dass die möglichen Nachteile altersgemischter Teams empirisch deutlich häufiger sind als die Vorteile.[69]

Wir warnen davor, altersgemischte Teams pauschal als Lösung des demografischen Problems in der Arbeitswelt vorzuschlagen. Das ist nur dann sinnvoll und effizienzsteigernd, wenn zuvor einige Rahmenbedingungen bedacht und optimiert werden. Dazu gehören

- der Abbau von Altersdiskriminierung und altersspezifischen Vorurteilen,
- die Wertschätzung der Altersunterschiede erhöhen,
- ein alterswertschätzender Führungsstil von Vorgesetzten,
- eine gesundheitsorientierte Arbeitsorganisation und Arbeitsgestaltung.

Arbeiten Teammitglieder und Arbeitgeber an diesen vier Themen, so haben sie gute Chancen, ihre Effizienz und das Arbeitsklima im altersgemischten Team deutlich zu verbessern und sogar bessere Leistungen zu erbringen als altershomogene Teams. Engagieren sich Arbeitgeber und Arbeitnehmer nicht für diese Ziele, können Konflikte aufgrund unterschiedlicher Wertesysteme, Moralvorstellungen, Arbeitsweisen und Arbeitshaltungen empfindlich stören.

Die Arbeit an diesen Themen kann organisiert in moderierten Workshops der Personalentwicklung aber auch in Teamgesprächen oder ganz einfach im Dialog zwischen zwei Kollegen stattfinden.

Generation Baby Boomer trifft auf Generation Y

Da wir beide als Autorenteam zwei ganz unterschiedliche Generationen (Geburtsjahre 1957 und 1988) repräsentieren, möchten wir einen kurzen Ausschnitt aus unserem sehr persönlichen Generationendialog exemplarisch darstellen. Er soll Sie ermutigen, den kollegialen Austausch zwischen den Generationen zu führen und dadurch die positiven Möglichkeiten der altersgemischten Teamarbeit zu verstärken.

Cornelia: Die Idee zu diesem Buch kam von unseren Seminarteilnehmern, die Inhalte und Denkanstöße aus den Veranstaltungen nochmals nachlesen wollten. Vorstellungen zur Umsetzung hatte ich genügend, aber ich wusste von meinem letzten Buch noch, wie aufwändig Recherche, formale Gestaltung des Manuskripts und der Grafiken sowie die Kommunikation mit vielen Kooperationspartnern sein werden. Da mein Tagesgeschäft und meine privaten Bedürfnisse nicht unter meiner Autorentätigkeit leiden sollten, hatte ich dich gefragt, ob du mich als Co-Autorin unterstützen würdest.

Lisa: Ja, cool. Das war eine gute Gelegenheit für mich. Demografie war schon in der Studienzeit ein Schwerpunkt meiner Arbeit, und Projekterfahrung dazu hatte ich auch schon. Zweifel hatte ich allerdings daran, wie inhaltlich bereichernd ich sein kann – mein Wissen ist doch im Großen und Ganzen noch eher theoretisch akademisch, und ich wusste am Anfang noch nicht, wie gut ich meine Beiträge mit Leben füllen kann. Da ich zum Berufseinstieg einen Halbtagsjob mache, hatte ich aber deutlich mehr Zeit als du, und in Sachen Recherche und formale sowie grafische Gestaltung bin ich fit.

Cornelia: Mich hat dein Wunsch, zum Berufsstart nur mit einer halben Stelle arbeiten zu wollen, sehr verwundert. Nachdem ich mit meiner ersten Ausbildung als Physiotherapeutin fertig war, habe ich mich sofort voll in die Arbeit gestürzt und gleich von Anfang an regelmäßig viele Überstunden gemacht. Ich wollte mein eigenes Geld verdienen, Erfahrungen sammeln, mein Wissen anwenden und mich in dem Beruf möglichst schnell profilieren. Nach wenigen Jahren habe ich mit zwei Kolleginnen eine Praxis eröffnet und daneben mein Psychologiestudium begonnen. Eine so ruhige Gangart im Berufsleben wie bei dir ist mir ziemlich fremd.

Lisa: Ja, ich bin mir schon bewusst, dass ich vergleichsweise luxuriös in meine Berufstätigkeit gestartet bin. Aber das Halbtagsgehalt reicht für mich. Ist immerhin mehr, als ich als Studentin zur Verfügung hatte. Für mich bedeutet das kleinere Gehalt ja keinen Rückschritt. Und die freie Zeit ist mir gerade mehr wert als das Geld. Außerdem nutze ich diese Zeit für mich durchaus sinnvoll, zum Beispiel für unser Buchprojekt. So eine Zusatzarbeit wäre bei einer vollen Stelle für mich gar nicht möglich. Ich sehe ja bei vielen meiner Freunde, die gerade ins Berufsleben eingestiegen sind, dass die meisten deutlich mehr als die vereinbarte Wochenarbeitszeit investieren müssen, um dort bestehen zu können. Ich möchte mich nicht so verbrennen lassen und möchte meine Kräfte gut über meine gesamte Berufsbiografie einteilen, denn ich werde ja wahrscheinlich mindestens bis zur Rente mit 70 arbeiten.

Cornelia: Verständlich, aber das muss man sich auch erlauben können. Viele von euch haben keine finanziellen Probleme, denn sie profitieren vom Wohlstand ihrer Eltern. Die mussten ganz schön viel ackern, damit ihr heute so entspannt leben könnt. Andererseits beneide ich dich um diese Freiheit und frage mich schon, ob meine Generation da vielleicht etwas verpasst hat. Ich gebe dir aber auch recht damit, dass eine lange und erfolgreiche Berufsbiografie nur möglich ist, wenn Menschen sich in jungen und vor allem mittleren Jahren nicht völlig verausgaben.

Lisa: In eurer Generation zählt viel Arbeit oder gar Stress ja wohl auch als Statussymbol. Das brauchen wir Jungen nicht. Für mich ist es eher ein Erfolg, wenn es mir gelingt, meinen Lebensunterhalt mit Arbeit zu verdienen, die mir inhaltlich gefällt und deren Umfang mir genügend Zeit lässt für alles, was mir sonst noch wichtig ist im Leben. Ich will arbeiten, um zu leben – nicht leben, um zu arbeiten. Natürlich will ich im Beruf gute Leistungen bringen und mich entwickeln. Das muss sich aber doch nicht in den Arbeitswochenstunden messen.

Cornelia: Das mit dem Statussymbol unterschreibe ich pauschal so nicht. Viele meiner Generation wollten einfach die materiellen Bedingungen für ihre Familien verbessern, sie hatten auch Freude bei ihrer Arbeit und erlebten ihren Beruf als Bestätigung. Nicht vergessen sollten wir alle diejenigen, deren Arbeitgeber keinen anderen Arbeitsrhythmus zulassen und deren Verantwortung ihren Familien gegenüber es ihnen nicht erlaubt hat, eine weniger zeitintensive Stelle anzunehmen. Natürlich kenne ich auch Altersgenossen, die Arbeitsjunkies sind und völlig freiwillig immer aktionsbereit für Ihren Job sind.

Lisa: Na ja, davon bist du auch nicht weit entfernt. Deine Gespräche konzentrieren sich ja auch in der Freizeit sehr auf deine Arbeit. Mir wird das bei dir auch öfter zu viel. Es gibt schließlich noch ein Leben neben dem Beruf.

Cornelia: Mein Leben findet nicht *neben* meinem Beruf statt. Mein Beruf ist ein wichtiger Teil *in* meinem Leben.

Lisa: Das sehe ich etwas anders. Ich liebe meine Arbeit auch, aber ich finde etwas Abgrenzung tut schon ganz gut. Und manchmal haben mich deine Mails oder Telefonate ganz schön unter Druck gesetzt: »Ist das fertig? Hast du dies schon geschrieben oder jenes recherchiert?« Am besten noch am Sonntagmorgen.

Cornelia: Ja, in der Zusammenarbeit mit dir war ich schon manchmal genervt angesichts der Lässigkeit, mit der du manches angegangen bist. Da habe ich ja auch öfter mal mehr Schreibdisziplin einfordern müssen.

Lisa: Ich möchte meinen Arbeitsrhythmus selbst bestimmen können und hatte mir in der Zusammenarbeit ja auch öfter mal mehr Freiräume eingefordert. Eigentlich sollte man meinen, dass du als die Ältere auch die Gelassenere von uns beiden im Umgang mit der Zeit bist. Ich habe dich in deinem Arbeitsstil aber oft als getrieben erlebt. Etwas mehr Gelassenheit hätte dir sicherlich gut getan.

Cornelia: Vorsicht. Diese Gelassenheit, wie du sie beschreibst, kann sehr schnell in eine Lässigkeit abrutschen, die dann dafür verantwortlich sein kann, dass Termine nicht eingehalten werden oder man gegen Ende eines Projekts richtig unter Druck gerät. Dann leiden Arbeitsergebnisse und auch Menschen. Und genau das wollte ich mit einer vorausschauenden Zeitplanung vermeiden. Aus meiner Sicht war die Art der Arbeitsorganisation unser größter Reibungspunkt.

Lisa: Richtig, das war nicht ganz einfach. Es gab aber doch auch Vorteile. Als Digital Native konnte ich dich sehr unterstützen und dadurch viel Zeit einsparen, indem ich dir digitale Arbeiten abnehmen konnte: Einrichten von Dropbox und iCloud, Erstellen einer digitalen Manuskriptvorlage, Aufbereitung von Grafiken mit Photoshop, Marketing über Facebook und so weiter.

Cornelia: Ja, das ist dir ganz leicht und schnell von der Hand gegangen, und ich hätte unverhältnismäßig mehr Zeit dazu investieren müssen. Ich habe sowieso das Gefühl, im Beruf häufig unter digitaler Überlastung zu leiden. Kaum habe ich ein Computerproblem gelöst, schon steht das nächste wie ein Berg vor mir. Und du hast diese Aufgaben nicht nur erledigt, sondern mich gleichzeitig so in diese Prozesse eingewiesen, dass ich mich jetzt deutlich kompetenter und »digital gestärkt« fühle.

Lisa: Das hat mir auch gut getan, dass du von meinem digitalen Wissen und Können profitieren konntest und ich dir hier sogar etwas beibringen konnte. Umgekehrt lag der Vorteil für mich nämlich in unserer Zusammenarbeit klar auf der Hand. Mir fehlten beim Schreiben häufig Erfahrungswerte und Beispiele, mit denen ich mein Wissen hätte untermauern können. Deine Erfahrungen haben mir hier sehr geholfen.

Cornelia: Ich konnte viele Arbeiten, die ich nicht so liebe, an dich delegieren (und ich wusste, du machst das gerne!), und dennoch konnte ich die Zielrichtung der Inhalte in weiten Teilen selbst bestimmen. Ich konnte mein Erfahrungswissen mit deinem noch »frischen« akademischen Wissen abgleichen. Außerdem hat es mir einfach Freude gemacht, deine Sichtweise auf Inhalte und Gestaltung zu hören und zu verarbeiten. Auch wenn wir unterschiedliche Sichtweisen hatten, so habe ich doch immer den Respekt deinerseits gespürt. So ist es mir auch nicht schwergefallen, mich auf manche Kompromisse einzulassen, manches zu löschen und anderes hinzuzufügen.

Lisa: Gibt es deinerseits denn »unerfüllte« Wünsche an junge Kollegen in einem Team?

Cornelia: Ich wünsche mir von Jüngeren grundsätzlich gar nichts anderes als von Älteren. Die wichtigsten Aspekte in der Zusammenarbeit dürften generationsübergreifend sein: die Fähigkeit, anderen wirklich zuzuhören, gegenseitige Unterstützung, Humor, Fairness, Wertschätzung der Person und der geleisteten Arbeit, Respekt. All das ist doch völlig unabhängig vom Alter. Und Respekt beinhaltet doch eben auch, anzuerkennen, dass jede Generation ihre eigene (Entwicklungs-)Geschichte hat, die die Vorstellungen und Werthaltungen im Berufsleben prägt. Diese unterschiedlichen Vorstellungen und Haltungen sollten wir weniger bewerten und stattdessen mehr miteinander diskutieren …

Den Generationendialog fördern

In unserem kleinen altersgemischten Team wurde uns immer wieder klar, dass unsere Reibungspunkte viel weniger einen Generationenkonflikt beschrieben als einfach das Aufeinandertreffen sehr unterschiedlicher Persönlichkeiten und Arbeitsstile. In unseren wöchentlichen Kurzbesprechungen haben wir neben den inhaltlichen Aspekten immer auch über unsere Zusammenarbeit gesprochen: Was funktioniert gut? Was behalten wir bei? Was nervt? Wo brauchen wir beide Veränderung? Durch diese Reflexion gelang es immer besser, unsere unterschiedlichen Arbeitsstile und Kompetenzen zu würdigen. So konnten wir uns gut ergänzen und von unserer Unterschiedlichkeit profitieren. Übrigens: Einen Leistungsunterschied konnten wir nicht feststellen. Die Produktivität war annähernd gleich, zumeist nur in unterschiedlichen Bereichen.

Wenn altersgemischte Teams in ihren Besprechungen also nicht nur Sachfragen erörtern, sondern sich nur wenige Minuten Zeit nehmen, um auch die Qualität ihrer Kooperation regelmäßig zu reflektieren und zu kommunizieren, dann wird das zu höherer Arbeitszufriedenheit und auch zu besseren Arbeitsergebnissen beitragen. Arbeitgeber tun gut daran, dafür die notwendige Zeit zur Verfügung zu stellen. Und Mitarbeiter tun gut daran, diesen Dialog der Generationen auch einzufordern.

Wenig hilfreich erscheint es uns dagegen, das Verhältnis zwischen den Generationen beschreiben zu wollen, indem einzelne Attribute zusammengewürfelt ein neues Klischee bedienen: »Jung, gebildet, arbeitsscheu?« Mit diesen Schlagwörtern überschrieb die *FAZ* einen Artikel[70] über die Generation Y, also die zwischen 1980 und 1995 Geborenen. Diese jungen Leute eroberten die Welt und hätten die Freizeit als Statussymbol entdeckt – das meint zumindest der Autor dieses Beitrags. Wir widersprechen: Jede Generation hat ihre eigene Geschichte, ihre eigenen sozialen Besonderheiten und Verhaltensweisen, die es zu respektieren gilt. In jeder Generation sind Menschen viel zu unterschiedlich, um sie alle über einen Kamm zu scheren. Wir wollen keinen Krieg der Generationen, in dem wir uns gegenseitig beweisen, wer wem überlegen ist oder wer die höheren Werte vorzuweisen hat. Wir brauchen Verständnis und Wertschätzung für unterschiedliche Lebensentwürfe und die Bereitschaft, voneinander zu lernen und uns gegenseitig zu ergänzen.

Schlusswort: Selbstreflexion statt Selbstoptimierung

»Die meisten Menschen werden als Unikat geboren und sterben als Kopien.«
N. N.

Die Gestaltung und die Qualität des Arbeitslebens sowie der Prozess des gelingenden Älterwerdens sind selbstverständlich nicht nur von unserem persönlichen Engagement abhängig. Wie skizziert, haben auch Arbeitgeber ein großes Lastenheft abzuarbeiten, damit sie mit gesunden, gut gebildeten und motivierten Mitarbeitern aus den verschiedensten Lebensphasen wettbewerbsfähig bleiben. Die Rolle von Gesellschaft und Politik haben wir nicht diskutiert – sie war nicht Gegenstand dieses Buches. Selbstverständlich tragen Politiker und die verschiedensten Institutionen Verantwortung, Rahmenbedingungen zu schaffen, die eine menschengerechte Arbeitswelt ermöglichen.

Darauf sollten wir aber nicht warten. Jeder kann – schon im ureigenen Interesse – darüber nachdenken, welche Möglichkeiten, Chancen und Aufgaben sich aus der längeren Lebenserwartung und der verlängerten Lebensarbeitszeit ergeben. Und dieses Nachdenken sollte idealerweise schon früh in der beruflichen Biografie einsetzen – im günstigsten Fall bereits während der Ausbildung oder des Studiums.

Aber insgesamt sollten wir uns alle nicht wie frühere Generationen zu sehr auf Best Practice-Beispiele aus dem privaten oder beruflichen Umfeld verlassen. Die historischen sowie die gesellschaftlichen Umstände sind einzigartig, und wir sind es als Individuen auch. Anstatt erfolgreiche Karrieren und Lebensstile zu kopieren, können wir Ziele formulieren, die zu unserer Persönlichkeit, unseren Wertvorstellungen und unserer aktuellen Lebenssituation passen. Ziele können über unterschiedliche Wege erreicht werden.

Manchmal müssen wir den Weg, manchmal sogar die Zielrichtung verändern, wenn äußere Umstände es erfordern. Ziele neu anzupassen, Wege zu ändern bedeutet keinesfalls ein Scheitern. Die Balance zu halten zwischen Zielorientierung einerseits und flexibler Anpassung an neue Gegebenheiten andererseits dürfte wohl ein wichtiger Erfolgsfaktor sein. Es gibt ihn nicht, den *einen* guten Weg zum gelingenden Älterwerden im Beruf – beruhigend und verwirrend zugleich, dass sich so viele Wege auftun, wenn man achtsam hinsieht.

Wir müssen auch nicht immer besser, immer schneller und immer effizienter werden. Kaum sind wir besser geworden, dann wird es schon wieder jemanden geben, der noch besser ist. Das Bemühen, der oder die Beste im Beruf zu werden, ist eine Sisyphusaufgabe: anstrengend und – wenn überhaupt – schwer zu erfüllen. Wie wäre es mit dem Ziel, unsere Einzigartigkeit und Unverwechselbarkeit ohne Hast und Eile kontinuierlich zu entwickeln? Schließlich haben wir dazu mehr Zeit als alle Generationen vor uns. Statt in die Falle der ständigen Selbstoptimierung zu tappen, um in den Bereichen Leistung und Gesundheit zum »High Performer« zu werden, können wir an Wegkreuzungen in Selbstreflexion verharren, um zu prüfen, welcher der Wege zu uns passt. Wir können Selbstzentrierung lernen, ohne dabei eine narzisstische Nabelschau zu betreiben, über der wir die Belange und Bedürfnisse unserer Umwelt vernachlässigen.

Der Literaturnobelpreisträger J. M. Coetzee[71] schrieb in einem seiner Romane, er habe immer versucht, ein feiner Mensch zu werden. Er schrieb nicht, er wollte besser, ordentlicher, reicher, klüger oder gar effizienter werden; er schrieb »feiner« – und dieses »fein« ist nicht wie die anderen Worte ein gesteigertes Adjektiv. »Fein« braucht man gar nicht zu steigern, um den Wert zu erkennen. Wie wäre es also mit »fein« oder »einzigartig« anstatt »immer besser« werden? Das wäre doch eine richtig »reife Leistung«, sowohl im Berufsleben als auch im Privaten, oder?

Danke

Viele Menschen haben uns wertvolle Hilfe geleistet und entscheidende Impulse gegeben. Ohne sie gäbe es dieses Buch nicht.

Wir bedanken uns daher bei

- unseren Kolleginnen aus dem GGW-Team, die uns auf professionelle, kollegiale und sehr freundschaftliche Art begleiten, unterstützen, fördern und fordern. Sie stehen mit ihrer täglichen Arbeit für die Umsetzung der Inhalte dieses Buches.
- allen unseren Auftraggebern aus Industrie, Banken- und Versicherungswesen sowie öffentlicher Verwaltung. Erst durch die Arbeit in und mit diesen Institutionen konnten wir die Erfahrungen sammeln, die wir in diesem Buch verarbeitet haben.
- allen Teilnehmern unserer Seminare, Coachings und Veranstaltungen, die uns vertrauensvoll von ihren Erlebnissen und Befindlichkeiten berichtet haben. Durch sie wurde dieses Buch lebendig.
- der Ministerpräsidentin des Saarlandes, Frau Annegret Kramp-Karrenbauer, Herrn Wolfhart Haase von der Firma ZF und Herrn Roland Bühler von der Firma Bosch für ihre wertvollen Interviewbeiträge.
- Jörg Schneider, Liselotte Kühn, Sandra Strohm, Carsten Klose, Ute Fechner, Hildegard Ochmann-Trant, Dr. Jutta Tronnier und Prof. Andreas Kruse für sachliche und teilweise sehr zeitintensive Rückmeldungen zum Text.
- Frau Imke Rötger für das einfühlsame und ressourcenorientierte Lektorat.

Vorab bedanken wir uns auch bei allen Lesern und Leserinnen und freuen uns auf Ihre Kommentare, Rückmeldungen und Ergänzungen.

Cornelia Schneider & Lisa Juliane Schneider

cornelia.schneider@ggw-homburg.de
lisa-juliane.schneider@ggw-homburg.de
www.facebook.com/ReifeLeistungBuch

Homburg/Saar, August 2014

Weiterführende Literatur

Bartens, W. (2010). *Körperglück. Wie gute Gefühle gesund machen.* Droemer HC.

Bartens, W. (2011). *Glücksmedizin: Was wirklich hilft.* Droemer HC.

Bauer, J. (2006). *Prinzip Menschlichkeit.* Hoffmann und Campe.

Becker, P. (2006). *Gesundheit durch Bedürfnisbefriedigung.* Hogrefe.

Bovenschen, S. (2006). *Älter werden.* Fischer.

Bund, K. (2014). *Glück schlägt Geld. Generation Y – Was wir wirklich wollen.* Murmann.

Fischer-Epe, M. & Epe, C. (2004). *Stark im Beruf – erfolgreich im Leben. Persönliche Entwicklung und Selbst-Coaching.* Rororo.

Frank, G. & Kromm, W. (2009). *Unternehmensressource Gesundheit. Weshalb die Folgen schlechter Führung kein Arzt heilen kann.* Symposion.

Frank, G. (2001). *Gesundheitscheck für Führungskräfte.* Campus.

Frank, G. & Storch, M. (2010). *Die Mañana-Kompetenz.* Piper.

Heckel, M. (2012). *Die Midlife-Boomer: Warum es nie spannender war, älter zu werden.* Edition Körber-Stiftung.

Heckel, M. (2013). *Aus Erfahrung gut. Wie die Älteren die Arbeitswelt erneuern.* Edition Körber-Stiftung.

Hüther, G. (2005). *Wie aus Stress Gefühle werden.* Vandenhoeck & Ruprecht.

Kast, B. (2007). *Wie der Bauch dem Kopf beim Denken hilft. Die Kraft der Intuition.* Fischer.

Klein, S. (2006). *Zeit.* Fischer.

Kruse, A. & Wahl, H. W. (2009). *Zukunft Altern: Individuelle und gesellschaftliche Weichenstellungen.* Spektrum Akademischer Verlag.

Lauterbach, M. (2005). *Gesundheitscoaching.* Carl-Auer.

Mika, B. (2014). *Mutprobe. Frauen und das höllische Spiel mit dem Älterwerden.* C. Bertelsmann.

Niejahr, E. (2007). *Alt sind nur die anderen: So werden wir leben, lieben und arbeiten.* Fischer.

Otten, D. (2008). *Die 50+ Studie: Wie die jungen Alten die Gesellschaft revolutionieren.* Rororo.

Schlote, A. (2000). *Zeit genug.* Beltz.

Schneider, C. (2012). *Gesundheitsförderung am Arbeitsplatz.* Huber.

Servan-Schreiber, D. (2006). *Die neue Medizin der Emotionen.* Goldmann.

Storch, M. & Krause, F. (2007). *Selbstmanagement – ressourcenorientiert. Grundlagen und Trainingsmanual für die Arbeit mit dem Zürcher Ressourcen Modell (ZRM).* Huber.

Will, F. (2008). *Emotionen am Arbeitsplatz.* Beltz.

Weiterführende Links

http://www.demographie-netzwerk.de
http://www.worlddatabaseofhappiness.eur.nl
http://www.baua.de
http://www.stressnostress.ch
http://www.bkk.de
http://www.inqa.de/DE/Informieren-Themen/Gesundheit/inhalt.html
http://www.bzga.de
http://www.bertelsmann-stiftung.de
http://arbmed.med.uni-rostock.de/links/ifamlnk1.htm
http://www.bundesverband-initiative-50plus.de

Anmerkungen

1 Stern (2014). Ein besonderer Mensch. *Stern, 1/2014,* S. 25.

2 Schneider, C. (2012). *Gesundheitsförderung am Arbeitsplatz.* Huber.

3 Baethge, A. & Rigotti, T. (2013). *Auswirkung von Arbeitsunterbrechungen und Multitasking auf Leistungsfähigkeit und Gesundheit.* Bundesanstalt für Arbeitsschutz und Arbeitsmedizin.

4 Cherkas, L. F., Hunkin, J. L., Kato, B. S., Richards, J. B., Gardner, J. P., Surdulescu, G. L. & Aviv, A. (2008). The association between physical activity in leisure time and leukocyte telomere length. *Archives of internal medicine, 168*(2), S. 154–158.

5 Strauch, B. (2011). *Da geht noch was. Die überraschenden Fähigkeiten des erwachsenen Gehirns.* Berlin.

6 Wegge, J., Frieling, E. & Schmidt, K. H. (2008). Editorial: »Pest, Hunger und Krieg sind glücklich überwunden – nun sind die Alten da!«. *Wirtschaftspsychologie, 10,* S. 3–5.

7 Friedrichs, M., Jungmann, F., Liebermann, S., Lück, P., Schmidt, K. H., Wegge, J. & Wolters, J. (2010). *IGA Report 21.* BKK Bundesverband, DGUV, AOK-Bundesverband, vdek.

8 Körner, T., Puch, K. & Wingerter, C. (2012). Qualität der Arbeit. *Statistisches Bundesamt, Wissenschaft und Statistik, Nov. 2012,* S. 990–1001.

9 Siehe z. B.: Repetti, R. L., Matthews, K. A. & Waldron, I. (1989). Employment and Women's Health. Effects of paid Employment on Women's Mental and Physical Health. *American Psychologist, Vol. 44, No. 11,* S. 1394–1401.

10 Ilmarinen, J. (2011). *Das Haus der Arbeitsfähigkeit – der finnische Blick auf den demografischen Wandel.* Vortrag auf der Konferenz »Den demografischen Wandel sozialpartnerschaftlich gestalten«, Kassel 21.03.2011.

11 Bauer, J. (2013). *Arbeit: Warum unser Glück von ihr abhängt und wie sie uns krank macht.* Karl Blessing.

12 Siegrist, J. (1996). Adverse Health Effects of High-Effort/Low-Reward Conditions. *Journal of Occupational Health Psychology, 1996, Vol. 1, No. 1,* S. 27–41.

13 Bauer, J. (2013). *Arbeit: Warum unser Glück von ihr abhängt und wie sie uns krank macht.* Karl Blessing.

14 IGES Institut GmbH (2011). *DAK-Gesundheitsreport 2011.* DAK Forschung.

15 Stadler, P. & Spieß, E. (2002). *Mitarbeiterorientiertes Führen und soziale Unterstützung am Arbeitsplatz.* Schriftenreihe der Bundesanstalt für Arbeitsschutz und Arbeitsmedizin.

16 Kroll, L. E., Müters, S. & Dragano, N. (2011). Arbeitsbelastungen und Gesundheit. *GBE Kompakt Zahlen und Trends aus der Gesundheitsberichterstattung des Bundes, 5/2011.*

17 Kroll, L. E., Müters, S. & Dragano, N. (2011). Arbeitsbelastungen und

Gesundheit. *GBE Kompakt Zahlen und Trends aus der Gesundheitsberichterstattung des Bundes, 5/2011.*
18 Körner, T., Puch, K. & Wingerter, C. (2012). Qualität der Arbeit. *Statistisches Bundesamt, Wissenschaft und Statistik, November 2012,* S. 990–1001.
19 DGB Bundesvorstand (2010). Gesundheitsrisiko Arbeitslosigkeit – Wissensstand, Praxis und Anforderungen an eine arbeitsmarktintegrative Gesundheitsförderung. *Arbeitsmarkt aktuell, 2010, 9.*
20 Becker, P. (2006). *Gesundheit durch Bedürfnisbefriedigung.* Hogrefe.
21 Becker, P. (2006). *Gesundheit durch Bedürfnisbefriedigung.* Hogrefe.
22 Frank, G. (2001). *Gesundheitscheck für Führungskräfte: Ihr persönlicher Weg zu mehr Leistungsfähigkeit jenseits aller Moden.* Campus.
23 Gollwitzer, P. M., & Sheeran, P. (2006). Implementation Intentions and Goal Achievement: A Meta-analysis of Effects and Processes. *Advances in Experimental Social Psychology, Volume 38,* S. 69–119.
24 Levy, B. R. et al. (2002). Longevity increased by positive selfperception of aging. *Journal of personality and social psychology, Vol. 83, 2,* S. 261–270.
25 Levy, B. R. et al. (2002). Longevity increased by positive selfperception of aging. *Journal of personality and social psychology, Vol. 83, 2,* S. 261–270.
26 Nelson, P. (2012). *There's a Hole in My Sidewalk: The Romance of Self-Discovery.* Atria Books.
27 Covey, S. (2007). *Die 7 Wege zur Effektivität für Jugendliche: Der ultimative Wegweiser zum Erfolg.* Gabal.
28 Siehe z. B.: Großmann, G. (1993). *Sich selbst rationalisieren: Lebenserfolg ist erlernbar. Vorbereitende Einführung in den elementaren Teil der Großmann-Methode.* Ratio.
29 Covey, S. (2000). *Die sieben Schritte zur Effektivität. Ein Konzept zur Meisterung Ihres beruflichen und privaten* Lebens. Heyne.
30 Malik, F. (2006). *Führen, Leisten, Leben: Wirksames Management für eine neue Zeit.* Campus.
31 Peseschkian, N. (2009). *Das Alter ist das einzige Mittel für ein langes Leben. Eine positive Sicht auf die zweite Lebenshälfte.* Fischer.
32 Klein, S. (2006). *Zeit: Der Stoff, aus dem das Leben ist. Eine Gebrauchsanleitung.* Fischer.
33 Siehe z. B.: Förster, J. (2003). The Influence of Approach and Avoidance Motor Actions on Food Intake. *European Journal of Social Psychology, 33,* S. 339–350. Oder: Wells, G. L. & Petty, R. E. (1980). The Effects of overt Head Movements on Persuasion: Compatibility and Incompatibility of Responses. *Basic and Applied Social Psychology, 3,* S. 219–230.
34 Klein, O. G. (2010). *Zeit als Lebenskunst.* Klaus Wagenbach.
35 Zimbardo, P. (2009). *Die neue Psychologie der Zeit.* Spektrum.
36 Bauer, J. (2013). Arbeit: *Warum unser Glück von ihr abhängt und wie sie uns krank macht.* Karl Blessing.

37 Zimbardo, P. (2009). *Die neue Psychologie der Zeit.* Spektrum.
Falls Sie Ihre »Zeitpersönlichkeit« mit dem ZTPI (Zimbardo Time Perspective Inventory) testen wollen, sehen Sie bitte www.thetimeparadox.com
38 Weißbecker-Klaus, X. (2014). *Multitasking und Auswirkungen auf die Fehlerverarbeitung – Psychophysiologische Untersuchung zur Analyse von Informationsverarbeitungsprozessen.* Bundesanstalt für Arbeitsschutz und Arbeitsmedizin.
39 Abbott, A. (2013). Gaming improves multitasking skills. Study reveals plasticity in age-related cognitive decline. *Nature, Bd. 501,* S. 97–101.
40 Skoyles, J. R. (1990). Brain Size and Expertise: Human evolution expanded brains to increase expertise capacity, not IQ. *Psycoloquy, 10.2.*
41 Glomp, I. (2012). Das Midlife-Gehirn: Da geht noch was! *Psychologie Heute, April 2014,* S. 40–43.
42 Lehr und Kruse (2006). Verlängerung der Lebensarbeitszeit – eine realistische Perspektive. *Zeitschrift für Arbeits- und Organisationspsychologie, 50 (4),* S. 240–247.
43 Spitzer, M. (2002). *Lernen. Gehirnforschung und die Schule des Lebens.* Spektrum Akademischer Verlag.
44 Oerter, R. & Montada, L. (2002). *Entwicklungspsychologie.* Beltz PVU.
45 Zum Teil basierend auf Kruse, A. & Wahl, H. W. (2009). *Zukunft Altern: Individuelle und gesellschaftliche Weichenstellungen.* Spektrum Akademischer Verlag. Ergänzt durch persönliche Äußerung von Prof. Kruse.
46 Roßnagel, C. S. (2013). Lernen im Alter? Yes, we can! *Die Zeit, Nr. 49 2013,* S. 81.
47 Schaie, K. W. (1983). The Seattle Longitudinal Study: A 21-year exploration of psychometric intelligence in adulthood. *Longitudinal studies of adult psychological development, 64* (135), S. 484–493.
48 Hattie, J. (2008). *Visible Learning: A Synthesis of Over 800 Meta-Analyses Relating to Achievement.* Taylor & Francis.
49 Strauch, B. (2012). *Da geht noch was.* Bloomsbury.
50 Pöppel, E. (2010). *Je älter desto besser: Überraschende Erkenntnisse aus der Hirnforschung.* Gräfe und Unzer.
51 Glomp, I. (2012). Use it or lose it. *Psychologie Heute, April 2012,* S. 44.
52 Akademiengruppe Altern in Deutschland (2009). *Gewonnene Jahre. Empfehlungen der Akademiengruppe Altern in Deutschland.* Wissenschaftliche Verlagsgesellschaft mbh.
53 Weber, S. (2013). Nutzen Sie die Intuition. Der Risikoforscher Gerd Gigerenzer fordert mehr Mut im Job. *Die Zeit, Nr. 45/2013.*
54 Storch. M. (2006). Wie Embodiment in der Psychologie erforscht wurde. In: Storch, M., Cantieni, B., Hüther, G. & Tschacher, W.: *Embodiment. Die Wechselwirkung von Körper und Psyche verstehen und nutzen.*
55 Storch, M. & Krause, F. (2010). *Ressourcen aktivieren mit dem Unbewussten.* Huber.

56 Siehe z. B.: Eschmann, S. (2000). *Evaluation eines Persönlichkeitstrainings. Untersuchung der Wirksamkeit des Zürcher Ressourcen Modells ZRM.* Lizentiatsarbeit am Psychologischen Institut der Universität Zürich.

57 Röbke, T. (2011). Wahrheit beginnt zu zweit. Friedemann Schulz von Thun über »Stimmigkeit« und guten Führungsstil. *Die Zeit, Nr. 37/2011.*

58 Csikzentmihalyi, M.(2004). *Flow im Beruf.* Klett Cotta.

59 Csikzentmihalyi, M.(2004). *Flow im Beruf.* Klett Cotta.

60 Die positive Psychologie ist ein Forschungszweig, der sich auf positive Emotionen konzentriert. Während in der klinischen Psychologie Krankheiten, Störungen und defizitäres Erleben und Verhalten untersucht und therapiert werden, liegt in der positiven Psychologie das Augenmerk darauf, wie Menschen mehr positive Emotionen entwickeln können. Ebenso untersucht man hier, wie diese positiven Emotionen sich auf die verschiedensten Lebensbereiche auswirken.

61 Seligman, M. (2005). *Der Glücks-Faktor: Warum Optimisten länger leben.* Bastei Lübbe.

62 Wrzesniewski, A., Rozin, P. & Bennett, G. (2001). Working and Playing and Eating: Making the most of most moments. In: Keyes, C. & Haidt, J. (Hrsg.): *Flourishing: The positive person and the good life.* American Psychological Association.

63 Seligman, M. (2005). *Der Glücks-Faktor: Warum Optimisten länger leben.* Bastei Lübbe.

64 Siehe z. B.: Siegrist, J. (1996). *Soziale Krisen und Gesundheit.* Hogrefe. Oder: Kromm, W. & Frank, G. (2009). *Unternehmenressource Gesundheit. Weshalb die Folgen schlechter Führung kein Arzt heilen kann.* Symposion.

65 Bauer, J. (2006). *Prinzip Menschlichkeit.* Hoffmann und Campe.

66 Altenhöner, T., Köhler, M., Philippi, M. & Alaze, F. (2014). Maßnahmen des betrieblichen Gesundheitsmanagements – Evaluation einer Seminarreihe für Führungskräfte. *Prävention und Gesundheitsförderung, Volume 9, Issue 1,* S. 3–9.

67 www.neue-arbeitszeit-praxis.de

68 Booz & Company (2011). Vorteil Vorsorge. Die Rolle der betrieblichen Gesundheitsvorsorge für die Zukunftsfähigkeit des Wirtschaftsstandorts Deutschland. Felix Burda Stiftung.

69 Roth, C., Wegge, J. & Schmidt, K. H. (2007). Konsequenzen des demographischen Wandels für das Management von Humanressourcen. *Zeitschrift für Personalpsychologie, 6(3),* S. 99–116.

70 Lindner, R., Geinitz, C., Triebe, B., Moses, C. & Hein, C. (2013). Jung gebildet arbeitsscheu? Die Generation Y erobert die Welt. *FAZ, 19.9.2013.*

71 Coetzee, J. M. (2010). *Sommer des Lebens.* Fischer.

Verzeichnis der Abbildungen und Übersichten

Wegweiser zu den Reflexionen und Übungen